［日］**印慈江久多衣**（ingectar-e）　著
［日］田村和泉　　　　　　　　　绘
　　　秦 帅　　　　　　　　　　译

版式设计
原理

图解平面设计的
有效提升法则

LAYOUT
DESIGN

电子工业出版社

Publishing House of Electronics Industry

北京·BEIJING

どうする？デザイン

(Dosuru? Design: 6101-3)

© 2021 ingectar-e.

Original Japanese edition published by SHOEISHA Co.,Ltd.

Simplified Chinese Character translation rights arranged with SHOEISHA Co.,Ltd. in care of Honno Kizuna, Inc. through Shinwon Agency Co.

Simplified Chinese Character translation copyright © 2023 by Publishing House of Electronics Industry Co.,Ltd.

版权贸易合同登记号　图字：01-2022-0461

图书在版编目（CIP）数据

版式设计原理 ： 图解平面设计的有效提升法则 ／（日）印慈江久多衣著 ；（日）田村和泉绘 ； 秦帅译. --北京 ： 电子工业出版社，2023.4
ISBN 978-7-121-45272-7

Ⅰ．①版… Ⅱ．①印… ②田… ③秦… Ⅲ．①版式－设计 Ⅳ．①TS881

中国国家版本馆CIP数据核字(2023)第049372号

责任编辑：王薪茜　特约编辑：马　鑫
印　　刷：天津图文方嘉印刷有限公司
装　　订：天津图文方嘉印刷有限公司
出版发行：电子工业出版社
　　　　　北京市海淀区万寿路173信箱 邮编：100036
开　　本：720×1000　1/16　印张：16　字数：409.6千字
版　　次：2023年4月第1版
印　　次：2023年4月第1次印刷
定　　价：89.90元

凡所购买电子工业出版社图书有缺损问题，请向购买书店调换。若书店售缺，请与本社发行部联系，联系及邮购电话：（010）88254888，88258888。
质量投诉请发邮件至zlts@phei.com.cn，盗版侵权举报请发邮件至dbqq@phei.com.cn。
本书咨询联系方式：（010）88254161~88254167转1897。

本书的思考方式

怎样设计呢?

如何理解客户的要求,又该如何将信息传达给目标群体,
设计师是如何思考的,设计又该如何变化……
很想了解吧!

客户是用什么样的眼光来看待设计的?

设计师是用什么样的思维来做设计的?

与客户交流后,最终得出了什么样的设计结果?

本书按照对接客户的工作流程,以设计为基础,简单易懂地讲解了与客户沟通的技巧,
以及绘制草图、选定素材、设计制作、验证、修正、交付等一系列设计流程。

在实际的工作中

客户和设计师之间的交流会有各种各样的情况。

设计既有一次就能通过的情况,又有加班加点也很难完成的设计。

在本书中

让设计的过程变得简单易懂。

在与客户交流的基础上,为了让设计与修改的过程简单易懂,我们采用了初稿→二稿→三
稿→终稿的设计流程,作为讲解方式。

▼

本书通过客户与设计师对话的形式,俯视整个设计的过程。

本书的登场人物

客户

我们期待什么样的设计，有什么样的需求，希望设计师在理解了我们的意图后，再进行设计。

客户

从事设计工作第二年的设计师

我会将从接到设计项目到确定设计思路和工作流程的一切都告诉你，大家一起成长吧！

设计师

**通过这两个人的交流过程，
一起学习设计流程吧！**

本书的使用方法

从接受设计委托到设计交付
每个案例用8页篇幅讲解完整的设计步骤与方法

设计的方法大家都知道,但在实际工作中是按照什么样的流程来进行的呢?
如何将客户的意见体现在设计中呢?

本书将从事设计工作的初学者都想知道的设计流程浓缩成 8 页篇幅的内容进行介绍。设计师是怎么思考的,怎么执行的,如何表达设计的思路与想法,最终又是怎么呈现设计效果的,这些都可以在本书中找到答案。

关于字体

本书中介绍的字体,除了一部分是免费字体,其他的都是由 Adobe Fonts、MORISAWA PASSPORT、Fontworks 提供的字体。Adobe Fonts 是由 Adobe 系统公司提供的高品质字体库,Adobe Creative Cloud 的用户可以使用该服务。MORISAWA PASSPORT 和 Fontworks 是由相应公司提供的,可以使用丰富字体的授权产品。另外,关于 Adobe Fonts、MORISAWA PASSPORT、Fontworks 的详细内容和技术支持,可以浏览相关公司的网站。

※ 本书介绍的字体是上述公司于 2020 年 7 月提供的。

订购

本页展示设计师和客户商谈的情景，商谈中会确定有什么样的设计需求，客户期望什么样的设计。

❶ 简明扼要地传达委托的标题

❷ 汇总设计需求

❸ 在会议中，客户和设计师交流的对话

❹ 客户期待的设计

草图制作

以客户的需求为蓝本开始绘制草图，阐述设计师绘制草图的思路。

选定素材

考虑选择与设计需求相符的图片、字体和配色。思考如果自己是客户，会采用什么样的素材进行表现。

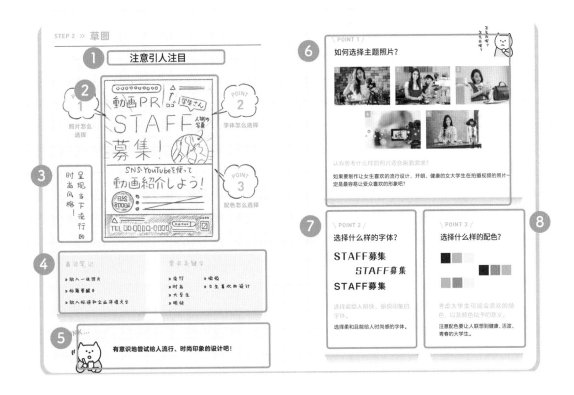

❶ 草图的标题

❷ 手绘草图

❸ 绘制草图时的所思所想

❹ 商谈时所记录的内容

❺ 设计师的思路

❻ 图片的选择

❼ 字体的选择

❽ 配色的选择

初稿设计

以草图为基础制作初稿，需要请客户确认，并解释设计的 NG（不满意）点。

二稿设计

通过修改初稿后的二稿，需要再次请客户确认，并解释设计的 OK（满意）点和 NG 点。

❶ 阐述设计的重点、存在的问题或要求

❷ 解释设计的 NG 点和想法

❸ 客户觉得不好的 NG 点

❹ 设计的 NG 点

❺ 如何解决问题

❻ 客户对于设计的想法

❼ 听取客户的意见，说明设计师的想法和做法

三稿设计

完成三稿的设计检查，分析设计的 OK 点和 NG 点。

终稿完成

设计完成，分析设计的 OK 点，展示最终的设计作品。

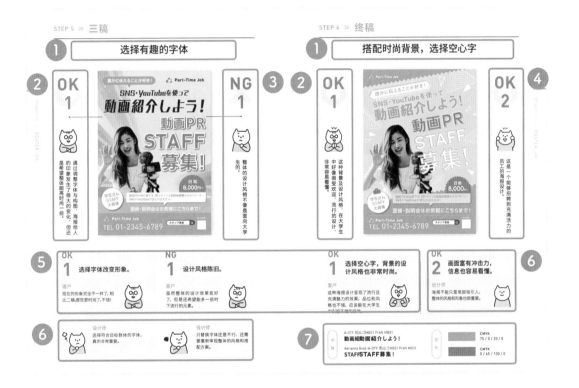

❶ 阐述设计的重点、方案等

❷ 客户认可的OK点

❸ 设计的NG点

❹ 设计的OK点

❺ 讲述客户对于设计的想法

❻ 听取客户意见，说明设计师的想法和做法

❼ 最终决定使用的字体和配色

交付

将最终成品交付客户，项目结束。设计师梳理自己的发现和学到的知识点。

❶ 阐述设计作品的重点、风格等

❷ 客户看到成品后的感想

❸ 设计师的感想

❹ 客户对设计师说的一句话

❺ 回顾项目，阐述设计师对项目及设计知识的总结

目录

Chapter 01　POSTER ［ 海报 ］

面向大学生的招聘海报
015

私教健身房开业海报
023

"糀"自然派食堂开业海报
031

特约放映电影海报
039

新品 5G 智能手机海报
047

Chapter 02　BUSINESS CARD [名片]

科技企业的名片
055

税务师事务所的名片
062

首席发型师的名片
069

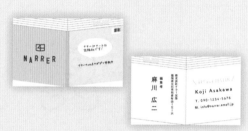

艺术类出版社的名片
076

Chapter 03　THE STORE CARD [店铺卡]

面包店的店铺卡
083

花店的店铺卡
090

牙科医院的诊疗卡
097

寿司店的店铺卡
104

Chapter 06 　PAMPHLET [宣传册]

IT 公司宣传册

互联网公司宣传册

美容美发专业学校宣传册

医院宣传册

Chapter 07 　PACKAGE [商品包装]

柠檬味饼干包装

日本酒包装

花草茶包装

口红包装

CASE
01 » 面向大学生的招聘海报

客户

利用社交网络服务或视频网站中的视频进行介绍和宣传工作的公司，从事非金融业务。

设计需求

能在大学生群体中引起反响的招聘海报，用于招聘通过发布视频快速传递商品魅力的促销宣传人员（兼职）。海报要使用在大学生中流行且吸引人的设计。

客户

文案

喜欢与人沟通交流；招募视频宣传员。

〈前期交流〉

因为要在大学附近的车站周边投放广告，所以希望营造大学生看到这款海报就想"应征看看"的氛围。

客户

设计师

明白了，要设计出能引起大学生关注的设计。

还有，要有流行和时尚的感觉，特别是能让女生喜欢，最好采用当下流行的设计。

客户

START！

如果能吸引大学生的目光，制作出能让许多人都来应聘的海报就好了，现在就开始期待设计完成的效果呢！

注意引人注目

POINT 1
照片怎么选择

POINT 2
字体怎么选择

POINT 3
配色怎么选择

时尚风格！呈现当下流行的

商谈笔记

» 放入一张照片

» 标题要醒目

» 放入标语和企业详情文字

需求关键字

» 流行
» 时尚
» 大学生
» 明快

» 愉悦
» 女生喜欢的设计

THINK...

有意识地尝试给人流行、时尚印象的设计吧！

\ POINT 1 /

如何选择主题照片？

认真思考什么样的照片适合画面需求？

如果要制作让女生喜欢的流行设计，开朗、健康的女大学生在拍摄视频的照片一定是最容易让受众喜欢的形象吧？

\ POINT 2 /

选择什么样的字体？

STAFF募集

STAFF募集

STAFF募集

选择能给人明快、愉悦印象的字体。

选择柔和且能给人时尚感的字体。

\ POINT 3 /

选择什么样的配色？

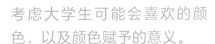

考虑大学生可能会喜欢的颜色，以及颜色赋予的意义。

注意配色要让人联想到健康、活泼、青春的大学生。

文字醒目却传达不出海报意图

NG 1

问题！

为了传达招募员工的信息，虽然把文字放大了，但版式设计略显单调。

NG 2

虽然招募员工的信息很醒目，但是照片太小了，很难展示招募的是什么职位的员工。

NG 1 照片太小，未能表现意图。

客户

如果把人物的照片放大，更能表现海报的意图，那不是更好吗？

设计师

只注意到了标题，试着把照片放大，将海报的意图更明确地传达给受众。

NG 2 招聘什么职位，很难一眼看出。

客户

我想让受众看一眼就知道在招聘什么职位的员工。

设计师

只是把标题放大是不行的，为了让重点信息更加醒目，我还要考虑一下。

对人物照片进行抠图处理并放大

NG
1

虽然已经把照片放大，并置于醒目的位置，但是字体不够灵动，对大学生来说吸引力不足。

OK
1

解决！

通过对人物照片进行抠图处理并放大，从而改变照片展示风格，视觉冲击力更强，更有利于传达海报的信息。

NG

1 字体不是很吸引人。

客户
虽然版面设计好多了，但是感觉不像是面向大学生的设计。

设计师
确实，设计中少了一些流行、休闲的元素，要不先替换一下字体，调整一下构图方式，看看效果吧。

OK

1 照片醒目，
版面的紧凑度也提高了。

客户
照片变大后，可以让人联想到在招聘什么职位的员工了。

设计师
标题和照片的平衡感变好了，后续也许可以稍微调整一下底部的信息。

选择有趣的字体

OK
1

NG
1

通过调整字体与构图，海报给人的印象发生了很大的变化，但还是希望整体能再时尚一些。

整体的设计风格不像是面向大学生的。

OK
1 选择字体改变形象。

客户
现在的形象完全不一样了，相比二稿感觉更时尚了，不错！

设计师
选择符合目标群体的字体，真的非常重要。

NG
1 设计风格陈旧。

客户
虽然整体的设计效果变好了，但是还希望能多一些时下流行的元素。

设计师
只替换字体还是不行，还需要重新审视整体的风格和搭配方案。

搭配时尚背景，选择空心字

OK 1

这种背景及设计风格，在大学生中好像很受欢迎，流行的设计，非常容易看懂。

OK 2

这是一个能够招聘到充满活力的员工的海报设计。

OK 1

选择空心字，背景的设计风格也非常时尚。

客户

这种海报设计呈现了流行且充满魅力的效果，品位和风格也不错，应该能在大学生中引起不错的反响。

OK 2

画面富有冲击力，信息也容易看懂。

设计师

海报不能只是局部吸引人，整体的风格和形象也很重要。

字体

A-OTF 见出ゴMB31 Pr6N MB31
動画紹動画紹介しよう！

Adrianna Bold・A-OTF 见出ゴMB31 Pr6N MB31
STAFFSTAFF 募集！

配色

CMYK
75 / 0 / 20 / 0

CMYK
0 / 65 / 100 / 0

交付

流行又吸引人的潮流设计

这会是在大学生中很受欢迎的好设计，我很喜欢。

必须在设计时充分考虑要向谁传达信息。

〈交付时的对话〉

赋予海报明快的感觉，使用三种颜色呈现轻松、活跃的氛围，我真是太喜欢了。

客户

通过改变文字的色彩与排列形式，以背景的装饰元素，做出可以直达目标群体内心的设计。

设计师

CASE
02 » 私教健身房开业海报

订购

客户
运营私教健身房的公司

客户

设计需求
锻炼 20 分钟收费仅 980 日元的私教健身房开业海报。希望告诉受众，这是一个即使没有太多时间的人，也能在 20 分钟内得到充分锻炼的健身房，目标客户是商务人士和办公室女职员。

文案
每天坚持 20 分钟；实现短时间私教训练的设想。

〈前期交流〉

这张海报要展示在车站广告栏中。"锻炼 20 分钟仅收费 980 日元的私教健身房"这句话是最大的卖点，所以希望设计时能强调它。

客户

设计师

哦哦，让我们思考一下如何设计这个卖点的展示效果，让它醒目且具有冲击力！

因为是健身房，所以要使用具有动感的照片，可以让受众更容易明白海报的意图。

客户

START !

如果能设计出让忙碌的商务人士和办公室女职员都感兴趣的海报就好了。

有意识地让数字映入眼帘，营造动感范围

POINT 1 照片怎么选择

POINT 2 字体怎么选择

POINT 3 配色怎么选择

用倾斜的排列方式，表现速度感和动感。

商谈笔记

» 卖点要醒目

» 要放上电话号码

» 要突出"短时间"这一卖点

需求关键词

» 速度感　　» 公司职员

» 短时间　　» 动感

» 适于运动

THINK...

一定要制作出既富有动感又充满活力的海报！

\ POINT 1 /

如何选择主题照片？

思考什么样的照片更容易表现人在健身房里运动时的场景。

因为要制作的是健身房海报，所以要选择一张能让人迅速知道，这是人正在健身房中运动的照片。

\ POINT 2 /

选择什么样的字体？

20分なら続けられる

20分なら続けられる

20分なら続けられる

选择容易读懂，视觉冲击力强的字体。

选择方便阅读的字体，让忙碌的人能在看到海报的瞬间，就能了解其要传达的信息。

\ POINT 3 /

选择什么样的配色？

有活力的颜色，能让人感到脂肪在"燃烧"的色彩。

有意识地选择适合运动主题，而且能表现活力的配色。

尝试倾斜的排版，表现冲击力

NG
1

倾斜的排版虽然让页面更加灵动，但是『20分钟』的卖点不够突出。

NG
2

问题！

为了表现速度感，尝试采用倾斜的排版方式，但是文字部分最好能张弛有度。

NG
1 没有突出健身房的卖点。

客户

希望把健身房的卖点——"20分钟"的文字放大，以吸引受众的视线。

设计师

只考虑要表现速度感，但还要试着让文字张弛有度。

NG
2 照片干扰了文字，可读性差。

客户

如果是黑色的文字，会和背景照片融为一体，对比太弱导致阅读困难。能不能让文字更清楚一些？

设计师

看来照片用原图是不行的。试着将照片中的人物进行抠图处理，并改变背景颜色。

去除照片背景，让文字张弛有度

NG
1

『20分钟』的文字比较醒目了，但是冲击力还是不够。

OK
1

解决！

试着把文字加粗，这样文字就充满力量感，同时也更醒目了。去除照片的背景并重新填充背景颜色，使画面变得生动且充满活力。

NG
1
明确必须传达的信息。

客户
"20分钟"文字虽然醒目了，但是感觉还缺少决定性的元素。"980日元"文字也试着放大吧，看看效果如何？

设计师
再一次调整版式，尝试让卖点更突出的布局。

OK
1
通过调整文字的大小，增加视觉冲击力。

客户
通过将"20分钟"的文字加粗放大后，呈现了张弛有度的画面效果，为照片更换背景也让页面氛围十分和谐。

设计师
文字的颜色和大小会改变表现方式，符合主体特征的色彩搭配也非常重要。

以文字为中心的排版

OK
1

文字醒目地传达了短时间运动的理念，但是希望通过色彩营造运动的氛围。

NG
1

色彩搭配也要表现运动的氛围，这样才好吧？

OK
1

突出卖点，提升服务内容的吸引力。

客户
放大了价格的文字，通过改变文字的排版，提升了服务内容的吸引力！感觉不错。

设计师
为了打动目标客户，文字的排版也非常重要。

NG
1

色彩无法感受到运动的氛围。

客户
文字排版变好了，但是色彩和运动的主题有些不搭。

设计师
仅靠文字排版似乎无法烘托海报主题的氛围，试着用能体现动感的配色吧。

调整为符合运动氛围的配色

OK 1

看上去会受商务人士的欢迎，颜色很酷，同时也具有动感。

OK 2

通过选择符合运动氛围的配色，呈现了具有动感的设计。

OK 1
直接传达卖点，
具有较强的视觉冲击力。

客户
健身房的特征与氛围表现得淋漓尽致，这是能打动目标客户的海报。

OK 2
用色彩所具有的印象，
增强表现力！

设计师
并不是单纯地用红色来表现运动、燃烧的感觉，而是通过选择粉色系，营造时尚运动的氛围。

字体

A-OTF ゴシックMB101 Pro B・Helvetica Bold
20分なら続けられる。

A-OTF UD新ゴ Pro DB
無料体験受付中

配色

CMYK
0 / 80 / 0 / 0

CMYK
0 / 80 / 100 / 0

轻快且富有动感的设计

效果非常酷，我喜欢！谢谢。

不仅是版式设计，颜色也是重要的表现元素。

〈交付时的对话〉

能呈现动感、活力且吸引人的设计，很帅气！

客户

为了使海报能带给受众直观感受，传达健身房的特征与氛围，采用了具有冲击力的设计方案。

设计师

CASE
03 » "糀"自然派食堂开业海报

订购

客户

客户

"糀"自然派食堂

设计需求

"糀"自然派食堂的开业海报。这是一家经营酵素汤、糙米饭、丰富蔬菜美食的餐厅,海报想传达有益身体和手工制作的卖点。目标客户是办公室女职员、家庭主妇、三四十岁的人群。

文案

有酵素汤和糙米饭,如果想吃手工制作的食物,就快来吧!

〈前期交流〉

新开业的餐厅海报。需要将菜品醒目地展示出来,让大家看到海报就想光顾,而且想把发酵汤对人的好处展示出来,吸引更多的女性来品尝。

客户

设计师

要让健康意识强的女性感兴趣,海报就要充满自然、优雅与时尚的感觉。

你说得对,而且我们还希望能设计出可以展现店铺氛围和手工制作卖点的海报。

客户

START!

如果那些为生活而奋斗的女性看到海报就来光顾就好了,我都期待餐厅早日开业了。

选择女性偏爱的自然系风格设计

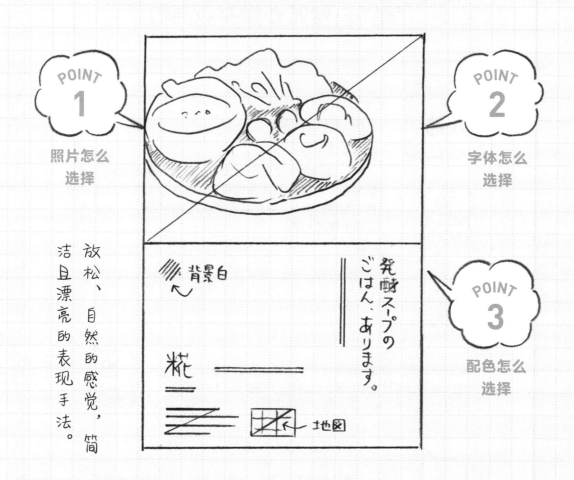

POINT **1**

照片怎么选择

POINT **2**

字体怎么选择

POINT **3**

配色怎么选择

放松、自然的感觉，简洁且漂亮的表现手法。

背景白

糀

発酵スープのごはん、あります。

地图

商谈笔记

» 加入地图
» 加入营业时间
» 使用真实拍摄的菜品照片

需求关键词

» 简单
» 手工制作
» 以健康为目的
» 自然
» 放松

» 女性喜欢的设计
» 温情
» 美味
» 有机

THINK...

尝试做出自然感，时尚简洁，而且女性喜欢的设计，餐厅信息也必须简单易懂。

\ POINT 1 /

如何选择主题照片？

从收到的照片中找出能作为主图的照片。

\ POINT 2 /

选择什么样的字体？

発酵スープのごはん

　　発酵スープのごはん

発酵スープのごはん

选择手写体，而且能赋予对身体有益印象的字体。

选择既能营造良好氛围，又能体现女性魅力的柔美字体。

\ POINT 3 /

选择什么样的配色？

考虑自然且温馨的色彩。

使用蔬菜和糙米的自然色彩，有意识地使用让人感到温馨的配色。

试着用双色调来展示照片

NG 1

虽然菜品看起来很好吃，但还是希望能传递出手工制作的理念。

発酵スープの
ごはん、
あります。

手作りが恋しくなったら、どうぞ。

糀
KOUJI

自然派食堂 KOUJI

Open 11:00 / Close 23:00
Holiday Monday　tel 012-345-6789
〒959-1872　福岡県野田市六甲町3-6-11

NG 2

问题！

虽然海报看起来简洁又时尚，但是主题信息没有充分表达出来。

NG 1 照片很小，无法渲染气氛。

客户
把照片放大一些，能更好地展示菜品。

设计师
也许是因为把版面一分为二，所以显得单调。试着把照片作为主体来提升视觉冲击力吧！

NG 2 现在的设计显得很普通。

客户
虽然现在的设计简洁、时尚，但是希望能更好地营造手工制作的理念与氛围。

设计师
双色调照片虽然能充分表现时尚感，但只有这些肯定不能让客户满意。

注："糀"为品牌名。

将照片扩大至整版

OK 1

将照片扩大，采用满版设计，虽然视觉冲击力更强了，但还可以继续调整文字排布与构图方式等，再好好想想。

NG 2

现在的效果虽然简单易读，但是手工制作的理念展现得不好，而且版面还有些拥挤。

手作りが恋しくなったら、どうぞ。

発酵スープのごはん、あります。

糀 自然派食堂 KOUJI
KOUJI
Open 11:00 / Close 23:00
Holiday Monday tel 012-345-6789

〒959-1872 福岡県野田市六甲町3-6-11
HP |

KOUJI

OK

1 照片醒目，冲击力得到了提升！

客户
通过将照片做满版处理，很好地传递出了料理的美味。

设计师
通过将照片放大，提升了视觉冲击力，真是太好了！

NG

2 手工制作的理念体现得仍然不够。

客户
照片放大后很有视觉冲击力，但是仍然没有将手工制作的理念展现出来。

设计师
问题好像出在照片上，我们再试着挑选一张更能表达手工制作理念的照片吧。

调整主图

NG
1

现在的整体感觉对了，但是文字能不能再醒目一些。

発酵スープのごはん、あります。

手作りが恋しくなったら、どうぞ。

自然派食堂 KOUJI
Open 11:00 / Close 23:00　Holiday Monday　tel 012-345-6789
〒959-1872　福岡県野田市六甲町3-6-11

OK
1

解決！

将照片替换为有手部与食物特写的照片，传递了手工制作的氛围。

NG
1　将文字放在照片上。

客户
现在的设计让受众的目光都集中在照片上了，希望能让文字更醒目一些。

设计师
把能传递店铺氛围的文字放在照片上，并且试着将店铺信息和宣传语分开。

OK
1　手端食物的动态照片，传达了手工制作的理念。

客户
选择手端食物的动态照片，传达了手工制作的理念，现在的感觉不错。

设计师
一张照片就能充分展现手工制作的理念，所以选择合适的照片非常重要。

改变文字的排列方式

OK 1

调整文字的排列方式，让餐厅的信息更容易传达。

OK 2

将标题采用竖排的方式并置于画面中间，整体的协调感非常不错。

OK 1　照片和文字有了统一感。

客户
文字和图片的布局很好，副标题也处理得非常好。

OK 2　简洁地展示信息。

设计师
为了不破坏整体的设计效果，选择了小号文字，需要重点展示的文字，可以通过加粗字体来处理。

字体
A-OTF A1明朝 Std Bold
発酵スープ
TA-ことだまR
手づくりが恋しくなったら

配色

CMYK
0 / 0 / 0 / 100

CMYK
50 / 100 / 100 / 0

自然且让人心情放松的简洁海报

海报的氛围感非常好！谢谢。

在版式设计中，照片和文字的协调性很重要。

GOAL！

〈交付时的对话〉

用自然、优雅、简洁的表现手法，传递出手工制作的理念，一定会成为能吸引女性消费者目光的设计。

客户

考虑照片和文字的协调性来布局，就能让海报很好地呈现出来。

设计师

CASE
04 » 特约放映电影海报

STEP 1
订购

客户
电影《明日，是有结果的一天》的发行公司

设计需求
这是一部电影短片的海报，设计成能让人感觉有通透感、脱俗感的海报即可。目标群体是职场女性和三四十岁的人群。

客户

文案
留在各自心中的那个人；你就是风景。

〈前期交流〉

这部电影是从情感上描写人物内心状态的作品，想体现影片的清新与洒脱，所以希望它的海报能呈现通透感与清新、脱俗的气质。

客户

设计师

如何表现通透感和清新、脱俗的气质是关键，会提供剧照吗？

会提供几张剧照，从中选出能传达电影主题，并具有冲击力的照片吧！

客户

START！

能设计出可以烘托电影氛围，并具有话题性的海报就好了。

有意识地表现通透感

用剧照表现电影的故事性。

POINT **1**
照片怎么选择

POINT **2**
字体怎么选择

POINT **3**
配色怎么选择

商谈笔记

» 电影的名称是《明日,是有结果的一天》

» 12月25日公映

» 提供剧照

需求关键词

» 通透感　　　» 内心

» 清新脱俗　　» 情绪性

» 能感受到故事性

THINK...

有意识地表现通透感,清新脱俗,思考能打动人心的设计吧!

怎么办呢?
怎么办呢?

\ POINT 1 /

如何选择主题照片?

观察照片的规律。

在这些让人印象深刻的剧照中,选择具有通透感、清新脱俗的照片吧。

\ POINT 2 /

选择什么样的字体?

明日、結晶となる日。

　明日、結晶となる日。

明日、結晶となる日。

选择符合电影主题与氛围的
字体。

配合电影给人的感觉,选择通透、
精致的纤细字体吧。

\ POINT 3 /

选择什么样的配色?

寻找有通透感的颜色。

注意配色要与电影的形象相符,柔
和而清新的配色如何?

布置照片

NG 1

虽然剧照选得很好，但是文字信息排列得过于集中，让人无法马上明白这是一部什么样的电影，希望营造清新脱俗的感觉。

明日、結晶となる日。

それぞれの心に留まる、その人は忘れた。あなたは風景。

12.25
ROADSHOW

原作：明日、結晶となる日
〔コミックsan〕

平道弘子　小佐政昭
美季晃一　蓮那真杜　西河佐希子

監督：関瑞子　脚本：金子久美子

NG 2

虽然剧照很醒目，但是客户希望的通透感、清新脱俗的感觉没有表现出来，怎样做才好呢？

NG 1 与电影的氛围不符。

客户

剧照虽然选得不错，但主图与文字内容过于集中，给人一种保守、乏味的感觉。

设计师

本来打算通过将剧照布置在醒目的位置，以突出电影的形象，但是感觉不对。

NG 2 页面过于呆板，缺乏清新感和脱俗感。

客户

总觉得很僵硬，希望能有清新感和脱俗感。

设计师

该如何表现清新感和脱俗感呢？试着增加更多的留白吧。

裁切主图增加留白

OK 1

增加留白后，页面变得通透，营造出了清新脱俗的感觉。

NG 1

虽然表现出了清新脱俗的感觉，但是还希望通透感更强一些。而且现在的标题是不是变得不那么醒目了呢？

OK 1 用留白表现清新脱俗的感觉。

客户
通过增加留白，海报显得很清新，感觉不错。

设计师
利用空间布局产生清新脱俗的感觉，留白很重要。

NG 1 通透感不足。

客户
还是有不符合电影形象的感觉，能不能设计得更通透一些？

设计师
怎么做才能有通透感呢？试着在照片中加入蓝色会怎么样呢？

再加入留白，在照片中添加蓝色调

NG 1

以增强视觉冲击力。

能不能在标题上加入一些变化，

通透感、清新脱俗的感觉都很好，

それぞれの心に留まる、
その人は忘れた。
あなたは風景。

明日、結晶となる日。

1 2 . 2 5
ROADSHOW

平道 弘子　　小佐 政昭
美季晁一　通郡真杜　西河佐希子

原作：明日、結晶となる日
〔コミックasu〕
監督：関 聡子　脚本：金子 久美子

NG 2

标题的处理过于保守。

可能过于强调海报的氛围了，使

NG 1 重心过低，平衡感很差。

客户
因为照片的颜色变了，虽然画面有了通透感，但是平衡感不太好。

设计师
只专注于清新脱俗和通透感的表现，忽略了海报整体的平衡感。

NG 2 标题没有冲击力。

客户
标题是不是有些单调了？我觉得再有些变化就好了。

设计师
试着把文字放大一些，同时排布文字时要注意节奏感，提升设计上的冲击力。

赋予标题动感，使其更加醒目

OK 1

标题有了动感，而且具有视觉冲击力，给人留下了深刻的印象。

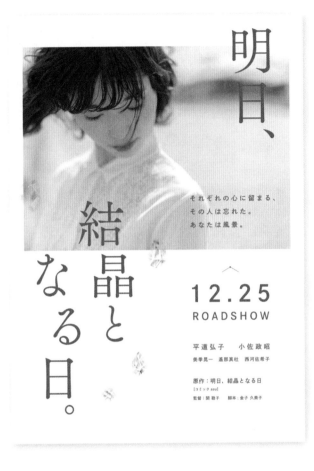

OK 2

标题文字错落排列，既不会破坏人物形象，又具有视觉冲击力。

OK 1 平衡感良好的标题。

客户
通过对标题的调整，赋予其动感，而且画面整体的平衡感也很好。

OK 2 通过改变文字大小，可以引导受众的视线。

设计师
为了让标题更加醒目，将文字放大，并错落排列，使标题（文字）产生了节奏感。

字体

FOT-筑紫Aオールド明朝 Pr6 R
結晶となる日。

A-OTF 秀英角ゴシック銀 Std B
それぞれの心に留まる

配色

CMYK
90 / 40 / 30 / 0

CMYK
3 / 2 / 3 / 0

符合电影意境且具有冲击力的设计

这是既有通透感、清新脱俗氛围，又能让人感觉到故事性的好设计！谢谢。

在简洁中寻找变化非常重要。

GOAL！

〈交付时的对话〉

通过留白的方式营造通透感和清新脱俗的氛围，传达出电影的主题与价值观，非常好！

客户

设计师

通过使用留白的方式，调整标题文字的大小和排列方式，就能改变海报的整体感觉。

CASE
05 » 新品5G智能手机海报

STEP 1
订购

客户

客户

移动电话运营服务公司

设计需求

宣传新型5G智能手机的海报。需要能让人感受到新时代和新手机充满未来感的设计。目标群体是学生、办公室职员、商务人士和三四十岁的人群。

文案

5G 新时代就在手中；未来。

〈前期交流〉

海报主要宣传本公司出品的首款 5G 智能手机，因为使用 5G 网络可以做很多以前无法想象的事情，所以希望海报的设计能让人感受到对新时代的期待感和未来感。

客户

设计师

新技术啊！需要表现出和现在使用的智能手机不同的地方。

嗯，一定要表现出能够吸引对流行元素敏感的学生和商务人士的时尚感。

客户

START！

如果看到海报，顾客就蜂拥而至就太棒了。希望这款 5G 智能手机能成为公司的代表作。

抱有期待，彰显酷炫

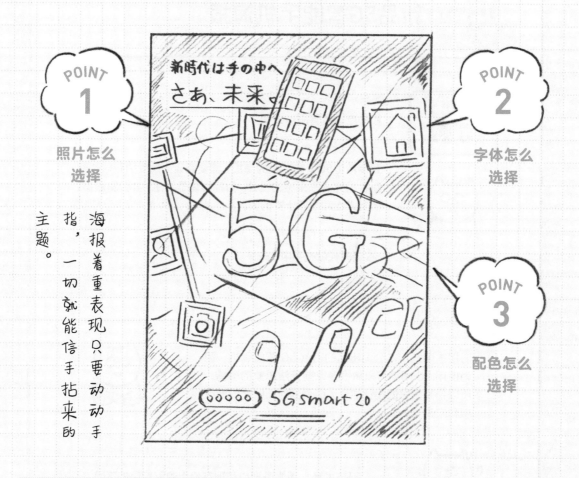

POINT 1 — 照片怎么选择

POINT 2 — 字体怎么选择

POINT 3 — 配色怎么选择

海报着重表现只要动动手指，一切就能信手拈来的主题。

商谈笔记

≫ 添加关于销售的文字

≫ 加入关于区域的说明

需求关键词

≫ 流行　　≫ 酷炫

≫ 未来　　≫ 期待感

≫ 技术　　≫ 崭新

　　　　　≫ 开端

THINK…

要能感受到未来，呈现酷炫的感觉，怎么做呢？

\ POINT 1 /

如何选择主题照片？

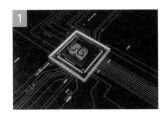

有意识地组合多张照片。

为了保持手机的神秘感，海报中没有该 5G 智能手机的照片，所以要收集一些关于通信和智能手机的照片，从中可以更好地获取灵感。

\ POINT 2 /

选择什么样的字体？

选择简洁、时尚的字体。

在加工文字、添加效果的时候，简单、扁平的字体更容易处理。

\ POINT 3 /

选择什么样的配色？

选择能表现科技感和未来感的颜色。

强调技术的印象，有意识地选择能表现锐意进取的配色。

使用具有科技感的照片

NG 1 ✕

海报传达的信息非常混乱，文字阅读起来也很困难。

NG 2 ✕

可能是过于强调主题信息的内容了，导致其他信息没有表达出来。

NG 1　冲击力不够。

客户

虽然把"5G"文字放大并放置在中央位置效果不错，但是不太醒目，我们想要更有未来感的设计。

设计师

放大文字并不意味着醒目。怎样做才能在体现未来感的同时，让文字更醒目呢？

NG 2　文字可读性差。

客户

总觉得乱糟糟的，文字不容易阅读，能不能让文字更容易阅读呢？

设计师

为了体现高级感，罗列了各种各样的图像，所以文字信息被淹没了。

把"5G"文字设计成霓虹灯效果

NG **1**

试着把『5G』文字改成无衬线字体，并制作霓虹灯效果，虽然有冲击力了，但是……

NG **2**

虽然很有冲击力，但是没有表现出智能手机的形象。

NG 1 加工文字，产生冲击力。

客户
通过将"5G"文字做成霓虹灯效果，凸显了未来感并提升了视觉冲击力，但还是感觉哪里不对。

设计师
通过制作文字特效，能提升其视觉冲击力，真想再让它更清楚一些。

NG 2 通过选取照片，改变表达方式。

客户
中间的照片能不能改用智能手机的照片呢？

设计师
虽然选择了具有未来感的图片并突出了"5G"文字，但忘了海报要宣传产品的本质。

替换为手持智能手机的照片

OK 1

新時代は手の中へ

5G

さあ、未来。

JD

予約受付中　5G smart 20

ご契約の際はエリアをご確認ください

采用手持智能手机的照片来强调主题，让人很容易理解，不错，和文案也很搭配。

NG 1

虽然将海报底图做了渐变处理，可以提升画面的透明感，但是手和智能手机还是不太醒目。

OK

1 选择与商品匹配的照片，进行直观展示。

客户
一看就知道是宣传智能手机的海报，感觉不错。

设计师
不要过于重视关键词的表现，选择容易让受众理解的照片更重要。

NG

1 配色过于抢眼。

客户
渐变效果是不是太强烈了？希望智能手机的照片能更引人注目。

设计师
为了提高文字的可读性，在海报的底部做了渐变处理，但是过于抢眼了。

去除渐变效果，产品形象一目了然

OK 1

文字和照片都很醒目，读者一目了然地知道海报的主题。

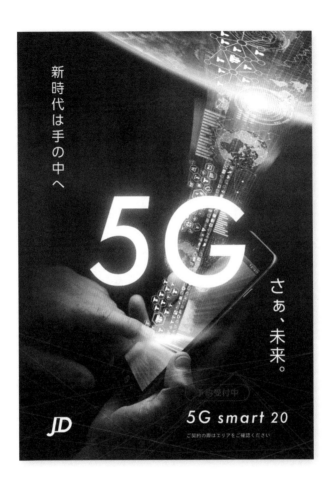

OK 2

没有多余的元素，将主图最大限度地放置在页面上，呈现简洁明了的画面效果。

OK 1 照片和文字形成互补关系。

客户
照片和文字有了整体感，感觉未来就在眼前。

OK 2 通过简洁的设计方式来传递信息。

设计师
重新调整文字的大小和排列方式，突出主题图片，营造页面的高级感。

字体

A-OTF UD新ゴ Pro R
新時代は手の中へ
Futura Medium Italic
5G smart 20

配色

CMYK
0 / 100 / 100 / 0

符合宣传卖点的设计

要制作出让人第一眼看到，就能明白其要传达的信息的设计。

『5G』文字很醒目，照片的感觉也不错，谢谢！

GOAL!

〈交付时的对话〉

这张手机海报的设计让人充满期待，觉得可以发生一些让人意想不到的事情，我看到这幅海报很兴奋。

客户

设计师

不仅要根据产品形象来设计海报，还要考虑与广告文案相匹配，并能够迅速传达商品信息，只有这样的设计才是好的设计。

CASE
01 ≫ 科技企业的名片

STEP 1
订购

客户

客户
某科技企业

设计需求
制作科技企业的名片。使用具有科技感的主题，并采用流行的设计，以黑色为基调。目标群体是二三十岁的企业职员。

〈前期交流〉

我们是一家比较年轻的科技企业，员工几乎都是二三十岁的年轻人，因此要将名片设计成比较时尚的感觉，给人可信赖感，基本色调用黑色。

客户

设计师

如果基本色调采用黑色，就要用单色搭配，这样看起来会很正式，还要有科技感，我要好好想想。

是啊，如果能在高雅的氛围中，展示高科技企业的形象，我会很喜欢。

客户

START！

要制作出在递出名片的时候，就能给对方以可信赖感的名片。

注重时尚且有信赖感的设计

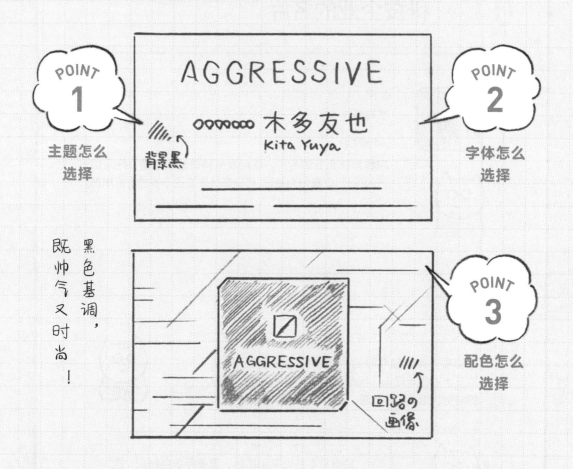

POINT 1 主题怎么选择

POINT 2 字体怎么选择

POINT 3 配色怎么选择

既帅气又时尚！

黑色基调，

商谈笔记

» 放入企业 Logo
» 加入科技主题（注意加入方式，不要刻意）
» 黑色基调，考虑单色搭配
» 流行的字体

需求关键词

» 科技　　　　　» 可靠
» 信赖　　　　　» 时尚
» 正式　　　　　» 智慧

THINK...

设计既具有时尚感，又能营造信赖感的名片吧！

配合企业 Logo 使用黑色

NG **1**

给人一种沉闷的印象。

NG **2**

问题！

因为黑色的面积过大，给人一种沉闷的印象。

NG 1 一片黑色，感觉很压抑。

客户
感觉很沉闷，虽然说了以黑色为基调，但我觉得有些过头了。

设计师
整幅画面都是黑色的，给人一种沉闷的印象。为了变得明快一些，试着换成白色吧。

NG 2 版面和企业 Logo 的画面平衡感不好。

客户
名片背面的企业 Logo 周围的黑色部分，相对于名片的版面来说，其平衡感不好。

设计师
也许企业 Logo 相对于版面太大了，再缩小一些，试着调整平衡感。

调整色调并将文字缩小

NG 1

OK 1

文字显得呆板，字体也不合适。

解决！

通过将底色改为白色，呈现的效果清爽多了，品牌形象也明快了。

NG 1 字体不符合品牌形象。

OK 1 从黑色变成白色，给人清爽的感觉。

客户

总觉得画面很沉闷，阅读起来没有层次感，想要更流行的设计。

客户

因为底色变成了白色，明快的感觉就出来了，背面的企业 Logo 的平衡感也不错。

设计师

圆润的字体和形象不太相符，需要重新选择字体，版式也再调整一下吧。

设计师

设计不能一厢情愿，必须考虑颜色给受众的印象。

试着调整公司名、姓名等信息

OK
1

AGGRESSIVE

MANAGER

木多 友也　Kita Yuya

〒020-0502 愛知県いすみ市あかね町 4-6
tel 030-1234-5678　mail info@kita_yuya.email.jp

NG
1

现在的感觉好多了，但是，是不是简洁过头了呢？

把文字信息及背景再好好调整一下，增强画面的视觉冲击力。

OK
1
信息更容易被看清，也更时尚了。

客户
文字变得非常容易看清，整体感觉也更帅气了。

设计师
从圆角字体改为扁平字体，再调整文字的排布方式，才是正确的选择，版式也调整得很好。

NG
1
整体冲击力不足。

客户
虽然感觉简洁了，但是总觉得视觉冲击力不足，能不能再下一些功夫呢？

设计师
怎样做才能增强视觉冲击力呢？有没有什么可以使用的元素呢？

将企业 Logo 作为设计元素

OK
1

现在的设计方案展示了科技企业的形象，非常不错！

OK
2

设计元素和文字组合得很好，而且视觉效果非常时尚，也充满了现代感。

OK
1 从黑白配色改为灰色系配色。

客户

通过将元素改成灰色系配色，黑色部分提高了通透感，布线元素增加了科技感。

OK
2 在设计中加入了企业 Logo 的元素。

设计师

将企业 Logo 作为设计元素，同时将版面斜着分割成两部分，很有视觉冲击力！

字体

DINPro Regular
MANAGER

A-OTF 秀英角ゴシック銀 Std L
愛知県いすみ市あかね町

配色

CMYK
0 / 0 / 0 / 100

表现出科技感的时尚设计

你们非常帅气地完成了任务，太感谢了！

原来 Logo 可以作为延展图形应用在设计中。

GOAL !

〈交付时的对话〉

在现代、时尚的感觉中展现了企业的科技感，我很喜欢。

客户

设计师

Logo 元素的应用成了名片设计最大的亮点，通过从企业品牌形象中提取元素来扩展设计的思路，非常棒。

CASE
02 » 税务师事务所的名片

STEP 1
订购

客户
税务师事务所

设计需求
制作税务师事务所的名片。
需要给人干净、值得信赖的感觉，一定不能呆板，还要让人感到安心、平静。
目标人群是 20~30 岁的年轻税务师。
需要加入企业 Logo。

客户

〈前期交流〉

需要通过具有清爽感的设计，改变税务师给人的严肃刻板的印象，并传递一种爽朗的感觉。希望我们事务所的年轻税务师都能喜欢这样的名片，从而对事务所和税务师工作更有热情。

客户

设计师

要给人休闲感和爽朗感，颜色的选择是重点。

因为是处理财务方面的工作，希望能给客户留下干练、安心的印象。

客户

START!

如果能设计出爽朗感，同时让税务师形象不再刻板，就太好了。

注重时尚感和值得信赖的感觉

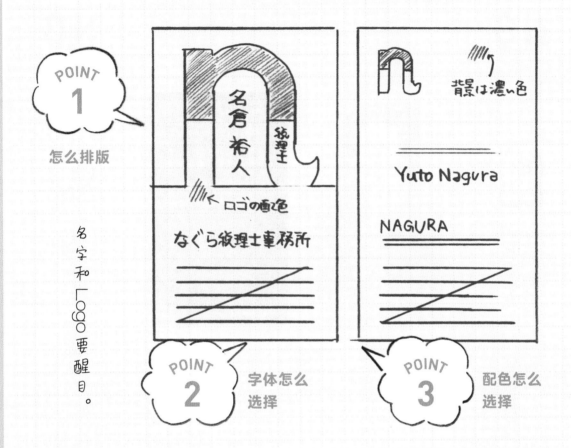

商谈笔记

» 放入 Logo（已经制作完成）

» 背面用英文

» 休闲的版面设计

» 有亲切感的无棱角字体

» 干净的配色（如蓝色系）

需求关键词

» 休闲　　　　» 温柔

» 干净　　　　» 柔和

» 安心感　　　» 亲切感

» 爽朗

THINK...

安心和干练的感觉可以通过配色体现，休闲感可以通过版式设计来表现。

大胆地运用 Logo 元素，呈现简洁的设计

NG 1

不要过度运用 Logo，现在它看起来实在太抢眼了。

名倉 裕人
税理士

なぐら税理士事務所

810-0021
兵庫県頓多郡大月町片浜 5-1-3
Tel 012-236-789
Fax 012-236-787
✉ yuto.nagura@abcde.fgh.co

Certified Public Tax Accountant
Yuto Nagura

NAGURA
certified tax accountant office

810-0021　5-1-3,Katahama,
Otsuki-cho,Hata-gun,Hyogo
Tel 012-236-789
Fax 012-236-787
✉ yuto.nagura@abcde.fgh.co

NG 2

必须了解 Logo 的使用规范。

NG 1

适度运用 Logo 元素作为辅助图形。

客户

Logo 有其特殊的使用规范，请不要过度使用。

设计师

运用 Logo 作为设计元素，没有考虑到其使用规范的要求，被客户批评了。

NG 2

Logo 过于醒目。

客户

背面 Logo 的淡蓝色很醒目，但是与主题很不协调。

设计师

Logo 本身的亮色部分，在暗色背景中过于醒目，可以试着改变背景颜色。

巧妙利用 Logo 的标准色呈现简洁感

NG 1

n

なぐら税理士
事務所

税理士
名倉 裕人

810-0021
兵庫県幡多郡大月町片浜 5-1-3
Tel 012-236-789　Fax 012-236-787
✉ yuto.nagura@abcde.fgh.co

试着对信息逐条进行紧凑归纳，但是左边的条带元素好像过于醒目了，Logo 尺寸还是有些大。

NG 2

n

NAGURA
certified tax
accountant office

Certified Public Tax Accountant
Yuto Nagura

810-0021　5-1-3,Katahama,
Otsuki-cho,Hata-gun,Hyogo
Tel 012-236-789　Fax 012-236-787
✉ yuto.nagura@abcde.fgh.co

简洁做到了，但是并没有体现出让人安心的感觉。

NG 1　搭配过分醒目。

客户
把 Logo 的配色用在条带上，确实是一个好办法，但是大面积的白色，显得过于抢眼。

设计师
只顾着色彩搭配，却忽略了重点信息的传递，那就把无用的搭配删除吧。

NG 2　与期望的风格不符。

客户
是不是过于呆板了？希望整体氛围再活跃、轻松一些。

设计师
简约好像不代表轻松，怎样才能营造休闲和清爽感呢？

把公司名称和其他信息分开，并使用不同背景颜色

OK 1

这样营造出的风格非常干净，但是还希望能加入一些休闲的氛围，画面也可以再柔和一些。

n

なぐら税理士
事務所

税理士
名倉 裕人

810-0021
兵庫県幡多郡大月町片浜 5-1-3
Tel 012-236-789　Fax 012-236-787
✉ yuto.nagura@abcde.fgh.co

OK 2

n

NAGURA
certified tax
accountant office

Certified Public Tax Accountant
Yuto Nagura

810-0021　5-1-3,Katahama,
Otsuki-cho,Hata-gun,Hyogo
Tel 012-236-789　Fax 012-236-787
✉ yuto.nagura@abcde.fgh.co

大面积留白和略有层次的划分，给人休闲、知性的印象，就差最后一步了！

OK 1 用不同颜色的背景，文本信息更加清晰。

客户
白色和淡蓝色的双色调完美地呈现了清爽、干净的感觉。

设计师
将公司名字和其他信息分块排列，并使用不同的背景颜色进行区分，视觉效果更加清晰，给人干净、清爽的感觉。

OK 2 整体更有条理。

客户
搭配得很不错，感觉好多了，但希望能更柔和一些。

设计师
巧妙利用 Logo 的标准色达到整体上的统一。下面就要考虑在不破坏休闲感的前提下，加入一些柔和的感觉。

合理运用 Logo 的曲线造型元素

OK 1

弧线更加适合展现休闲和柔和的感觉。九个文字等距、对齐排列，这个设计也很不错！

n
な ぐ ら
税 理 士
事 務 所

税理士
名倉 裕人

810-0021
兵庫県幡多郡大月町片浜 5-1-3
Tel 012-236-789 Fax 012-236-787
✉ yuto.nagura@abcde.fgh.co

n
NAGURA
certified tax
accountant office

Certified Public Tax Accountant
Yuto Nagura

810-0021 5-1-3,Katahama,
Otsuki-cho,Hata-gun,Hyogo
Tel 012-236-789 Fax 012-236-787
✉ yuto.nagura@abcde.fgh.co

OK 2

Logo 的曲线造型元素利用得很巧妙，整体协调感非常好。

OK 1 完成了符合要求的设计。

客户
曲线的加入完美地实现了柔和的感觉，使画面变得生动，这个设计符合我们的要求。

OK 2 合理呈现公司名称。

设计师
等距、对齐排列的公司名称，给人更加简洁、干练的印象，不错!

字体

FOT-ニューセザンヌ Pro M
なぐら税理士事務所
こぶりなゴシック StdN・DINPro Regular
兵庫県幡多郡大月町片浜5-1-3

配色

CMYK
65 / 0 / 15 / 0

CMYK
80 / 70 / 70 / 0

干练、柔和、休闲，任务顺利完成

干练、柔和、休闲，整体感觉很协调，我很满意。

要先注意 Logo 的合理使用和事务所名称的呈现方式，再考虑其他方面的设计。

GOAL !

〈交付时的对话〉

最开始的设计没有充分考虑 Logo 合理使用的规范，真不知道能做成什么样。不过，最终的设计效果非常好，谢谢！

客户

设计师

无论是 Logo 还是其他元素，使用的时候都有相应的规则和制度，一定要认真研读相关规则后，再合理地使用在设计中。

CASE
03 » 首席发型师的名片

STEP 1
订购

客户
美发店

设计需求
制作首席发型师的名片。这位发型师有 20 多年的从业经验，目前在东京的一家美发店工作。本人也是人气模特，在 Instagram 上的粉丝超万人。要求名片的设计高雅、简洁、时尚。

客户

〈前期交流〉

这位发型师在美发行业已经工作了 20 多年，业界知名度很高。因为行业特点，名片的设计要求干练、简洁，又兼具时尚感。

客户

简洁、干练、时尚，就是最流行的感觉吧？

设计师

美发师自己就是人气模特，希望当她把名片递给女孩子时，她们会特别开心地说："不愧是模特"。

客户

START！

如果做出的名片非常时尚，一看到就想放到 Instagram 上分享，那就太棒啦！

兼顾时尚感和可信赖感的设计

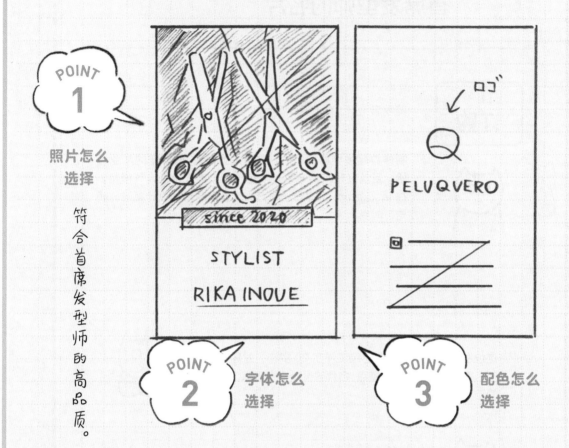

POINT 1 照片怎么选择

符合首席发型师的高品质。

POINT 2 字体怎么选择

POINT 3 配色怎么选择

商谈笔记

» since2020　　» Instagram 的 ID
» 名字只放在正面
» 头衔是发型师
» 与职业相关的照片
» 使用符合职业气质的字体
» 用暗色的基调表现帅气的感觉

需求关键词

» 干练　　　　» 时尚
» 简洁　　　　» 流行

THINK...

一定要设计出有品位的名片，让拿到名片的人感受到美发师的高级感。

选择能表现美发师职业的照片

NG 1

嗯，好像跟时尚风格相去甚远啊。

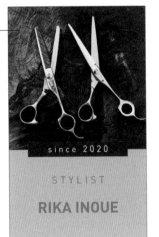

since 2020

STYLIST

RIKA INOUE

Q

PELUQUERO

@ peluquero_risa
peluquero@rika.com
tel 012-3456-789
3-5-6,peluquero,Tokyo

NG 2

这个颜色属于暗色调，我觉得挺酷的，时尚感不就是这样的吗？

NG 1 没有突出时尚的感觉。

客户
这和我想要的时尚感不一样。

设计师
啊？我还觉得这个很酷。
那咱们再详细聊一聊吧。

NG 2 反复沟通，明确整体意向，这很重要。

客户
这一版的设计感觉过于沉重，
剪刀的照片看起来也不合适，
想想怎么能更时尚吧。

设计师
客户要的时尚感是什么呢？

加入边框装饰

NG 1

可能是照片面积太大，没有足够的留白，所以给人拥挤和沉闷的感觉，去掉照片，换成边框装饰，但通透感还是不够。

NG 2

新加入的边框装饰，感觉没什么意义。另外，文字的设计也需要再考虑一下。

NG 1 觉得边框的效果一般。

客户
放弃照片是正确的，但是加入边框装饰有必要吗？还是感觉不到时尚感。

设计师
虽然去掉照片显得好一些，但是加上去的边框也不怎么好，边框的包围感让人觉得很拘束。

NG 2 文字排版没有设计感。

客户
文字显得很单调，没有时尚感，希望将文字排列得更有感觉。

设计师
只顾着实现时尚感，却忽略了内容信息的排布，文字过于集中，那就调整一下文字大小和字体吧。

调整配色和文字排版

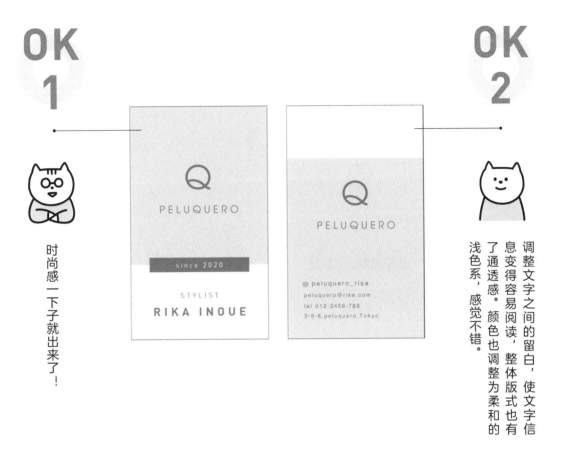

OK
1

时尚感一下子就出来了！

OK
2

调整文字之间的留白，使文字信息变得容易阅读，整体版式也有了通透感。颜色也调整为柔和的浅色系，感觉不错。

OK
1 通过调整文字排版，
实现通透感。

客户
文字变小了，时尚感就出来了。因为文字间距不同，看起来完全不一样了。

设计师
增加留白、缩小文字、加大字间距，通透感就能够得以实现。

OK
2 调整颜色，感觉更轻快。

客户
感觉一下子就明亮了，时尚感也随之而来了。

设计师
调整色系，凸显时尚、休闲的氛围，三分之一的版面通过留白提升了通透感。

添加色块装饰与留白，突出重点

OK
1

名片更有设计感了，正面和背面的细微色差，让人感觉很时尚。

Q

PELUQUERO

since 2020

STYLIST

RIKA INOUE

RIKA INOUE

STYLIST

@ peluquero_risa

● peluquero@rika.com

● tel 012-3456-789

● 3·5·6,peluquero,Tokyo

PELUQUERO

OK
2

您能欣然接受两面不同颜色的设计，真是太好了。

OK
1

突出重点，演绎动感。

客户
正面和背面的差异化设计很有时尚感，横色块和竖色块非常有设计感，非常好!

OK
2

选择最符合目标人群的颜色。

设计师
充分考虑收到名片的人群的特点，将颜色替换成柔和的粉色系，不仅高雅，还带有一丝可爱。

字体

ITC Avant Garde Gothic Book
PELUQUERO

DINPro Bold
RIKA INOUE

配色

CMYK
10 / 15 / 10 / 0

CMYK
5 / 15 / 15 / 0

高雅简练、充满时尚的设计

这正是我们想要的时尚设计，谢谢！

真是时尚感十足的设计，也是充满通透感的设计。

GOAL!

〈交付时的对话〉

这正是我想要的时尚名片，我要马上把它放到 Instagram 上去秀一秀。

客户

设计师

客户需求的关键词都很不普通，为了能设计出客户想要的时尚感，就要提前收集各方面的素材。

CASE
04 » 艺术类出版社的名片

STEP 1
订购

客户
出版社

设计需求
出版社职员使用的名片。需要运用留白布局，使用讲究的字体，再加入一些有趣的感觉。名片的使用者为出版社中 20~40 岁的职员，他们上班时不需要穿职业装。

客户

〈前期交流〉

作为出版了很多艺术类书籍的出版社，我们的工作氛围很自由，所以希望名片也能很有趣。

客户

设计师

名片要有趣，这听起来就挺有意思的。

嗯，另外，因为我们是出版图书的，所以名片上的字体要很讲究。

客户

START！

希望设计出的名片能达到一递出去就让对方感到充满艺术氛围的效果。

充分考虑出版社的特色

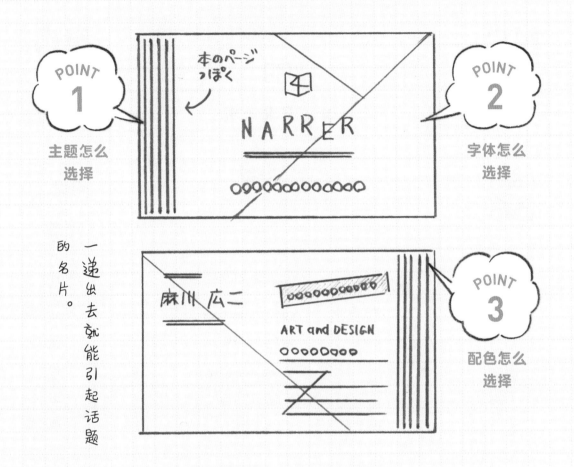

一递出去就能引起话题的名片。

POINT 1 主题怎么选择

POINT 2 字体怎么选择

POINT 3 配色怎么选择

商谈笔记

» 艺术类出版社
» 放上关于网络杂志的表述
» 书籍式主题和有趣的字体
» 诙谐的互补色彩搭配
» 使用柔和的色彩

需求关键词

» 有趣　　　» 愉快
» 艺术　　　» 冲击力

THINK…

如果既能展示出版社的风格，又能看起来很有趣，那就太好了。

用线条勾勒书籍的形态

NG × 1

NG × 2

NARRER

ナラーはアートな出版社です

designer

麻川 広二

Koji Asakawa

ナラーのwebマガジン更新中

ART and DESIGN

株式会社ナラー出版

〒961-0828
福岡県立川市和泉町 4-3-6
T. 090・1234・5678
M. info@narrer.email.jp

嗯，虽然看起来很像一本小册子，也很漂亮，但是希望能加入一些有趣的设计。

问题！

虽然想设计得特别有趣，但是这一版看上去太保守了。

NG 1 没有突出书籍的主题。

客户
与其说是书籍，不如说更像一本小册子吧？希望能做出书籍的感觉。

设计师
没能很好地表现主题，想想怎么才能塑造出书籍的感觉吧。

NG 2 设计过于保守。

客户
看起来太保守了，能不能更有趣一些？

设计师
本来考虑用保守的颜色来表达出版社的氛围，但是过于保守了，那就加一些颜色试试吧。

直接将名片设计为书翻开时的状态

NG 1

为了符合出版社的氛围并且具有艺术性，尝试加入了缤纷的色块，但是看起来总觉得有些生硬。

OK 1

解决！

图形元素为书本打开的形态，很有创意，名片上的信息好像登载在杂志上一样。

NG 1 整体的僵硬感没有解决。

客户
色彩缤纷的色块确实能营造艺术氛围，但是不要这么凌乱，再试着调整一下吧。

OK 1 看起来就像一本书，设计很成功。

客户
这样看上去就像一本书了，感觉很好！

设计师
只顾着加入色彩，却没有充分考虑设计的趣味性。

设计师
试着做成书籍打开的形态，再把名片信息放在书里，大家都很喜欢。

倾斜排列文字，加上书签元素

OK 1

OK 2

名片背面是书的封面和封底，正面是书的内页，这个设计太有趣了。书签的加入也非常可爱。

调整文字排版，使名片更有书的感觉了。加上书签，更显得有趣好玩。

OK 1 把名片做得像书一样，有趣的设计。

客户
正面运用黑白两色，做出了书的内页的感觉。递出名片的时候就好像把一本书摊开给对方看。

设计师
想要给人留下收到一本书的印象，那就一定要把书籍的三要素——封面、封底和内页设计得很形象。

OK 2 添加主题相关元素，提升趣味。

客户
书签成了很好的点缀，感觉很好玩。

设计师
将文字倾斜排版，更像书籍打开的样子。再加上一个书签，就显得更好玩了。

将字体更换为手写风格

OK 1

色彩丰富的图案特别可爱，想要的感觉一下子就出来了！

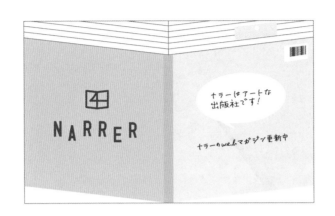

OK 2

加入手写字体和对话框，更能突出书籍的感觉。

OK 1

减少颜色，减少干扰。

客户
颜色明快，又不失简洁，想要对方注意的信息都很直接地传达出来了，这个设计我很满意。

OK 2

手写风格的字体，让信息更加醒目。

设计师
用手写字体和对话框吸引人，给对方留下深刻的印象。

字体
からかぜ・ふい字

TBちび丸ゴシックPlusK Pro R

配色

CMYK
0 / 20 / 15 / 0

CMYK
10 / 0 / 55 / 0

简洁又有趣的设计

简洁又有趣的设计，我很喜欢。

灵活运用留白，设计也变得更容易了，真是学到了很多方法！

GOAL !

〈交付时的对话〉

无论是整体创意，还是文字排版，这张小名片完美展示了我们出版社的艺术特质，我非常满意。

客户

设计师

虽然做出一个这样有趣的设计是非常难的事情，但是最终能让客户满意，那就太棒了。设计过程中，我也更充分地体会到了观察力的重要性。

CASE 01 » 面包店的店铺卡

STEP 1
订购

客户
面包店

设计需求
设计面包店的店铺卡。需要自然、温馨的风格,还要巧妙地加入 Logo 和手写的店名。这是一个深受附近居民喜爱的小面包店,店内装修风格是木系自然风的,有堂食区,其售卖的纺锤面包很受欢迎。

客户

〈前期交流〉

这个 Logo 是我们自己设计的,灵感来自店内最具人气的纺锤面包,客人都夸赞这个 Logo 很可爱。我们希望能够将这个 Logo 巧妙地融入店铺卡的设计中。

客户

设计师

原来是这样啊,这个纺锤面包的 Logo 真有趣!

哦,我们店的装修风格也很讲究,希望卡片的设计能符合我们的自然、温馨风格。

客户

START!

如果能设计出符合店铺风格的卡片,让更多顾客通过卡片记住我们的店,那就太好了。

充分体现自然、温馨的店铺氛围

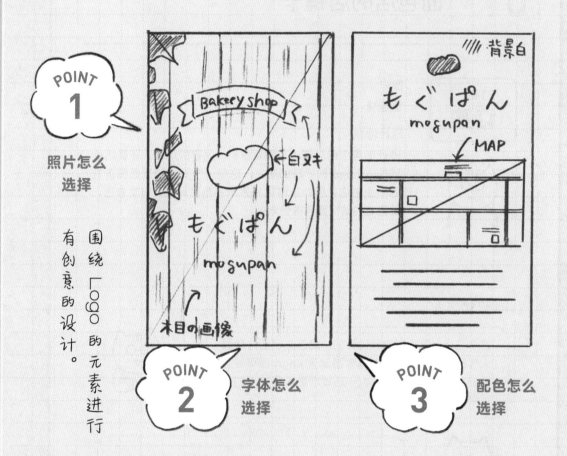

围绕 Logo 的元素进行有创意的设计。

POINT 1
照片怎么选择

POINT 2
字体怎么选择

POINT 3
配色怎么选择

商谈笔记

» 符合店内风格的背景（原木系的自然风格）

» Logo、手写店铺名和合适的字体

» 适合面包店的配色

» 自然的色彩搭配

需求关键词

» 自然　　　　　» 温馨

» 可爱　　　　　» 亲切

THINK...

努力做出既符合店铺风格，又自然、可爱的设计吧。

运用木纹背景

页面过满，元素铺满了整个版面，正面的信息很难看清，背面的信息也很乱，版面设计显得太繁杂。

虽然运用了符合店铺风格的木纹元素，但是 Logo 不醒目。

NG 1　背景过于醒目，内容可读性差。

客户
虽然店铺风格展示得还好，但是 Logo 难以辨认，文字也很难看清。

设计师
只顾着强调木纹图案，却忽略了突出 Logo。页面过满，没有留白，给人一种紧张的印象，文字的可读性较差。

NG 2　文字很不整齐。

客户
背面也希望设计得更简洁、清晰一些。

设计师
文字显得太过杂乱，给人以强硬的感觉，没有空间感。那就尝试调整行距，让内容划分得清晰一些吧。

为 Logo 加上白色背景

NG 1 ✕

NG 2 ✕

大阪府金沢市寺町 498-3
TEL 019-5678-1234
ホームページ
営業時間・8:00→18:00
定休日・水曜日

问题！

将木纹的背景设置得通透一些，创造出自然、轻松的氛围。将 Logo 突出显示，但是丝毫感觉不到温馨的感觉。

这个设计感觉很陈旧，另外希望能够巧妙利用我们可爱的 Logo，做出更符合店面氛围的设计。

NG 1 排版方式陈旧。

客户
这个设计看起来有点儿过时，换一个更新潮的设计吧。

设计师
添加白色半透明背景作为 Logo 的衬底，可视性虽然提高了，但还是不够时尚。把木纹背景去掉会不会好一些？

NG 2 Logo 没有得到巧妙运用。

客户
我们做的 Logo 很可爱吧？顾客都很喜欢。所以，请把这个 Logo 运用在卡片中，设计要巧妙。

设计师
可能简单地展示这个可爱的 Logo 就够了。

去掉背景图，将地图和文字信息整齐排列

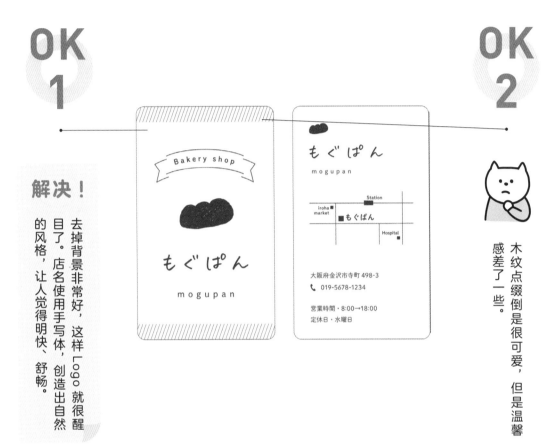

解决！

去掉背景非常好，这样 Logo 就很醒目了。店名使用手写体，创造出自然的风格，让人觉得明快、舒畅。

木纹点缀倒是很可爱，但是温馨感差了一些。

Logo 醒目且简洁。

客户

整体很简洁，Logo 也显得很明快，感觉不错。能不能再体现一些温馨感呢？

设计师

去掉背景，只在卡片上下两端加入木纹元素的点缀，会不会太简单了呢？

去掉地图的边线并把线条调细，这样就有通透感了。

客户

嗯，背面也简洁了，不过，地图上的店铺名用的是手写体，会不会跟其他地名不协调呢？

设计师

去掉地图边线，调细道路线条，仅使用简单框架表现必要部分的轮廓，通透感就出来了，同时增强了信息的易读性。

正面添加设计，背面创造足够的留白

OK 1

自然又时尚，这样的卡片太好看了，我很开心！

OK 2

地图改用几条斜线，一下子生动了起来，小 Logo 也更加醒目，整体也更加温馨了。

OK 1　用粗线勾勒边框。

客户

原木色系自然风的相框，突出了可爱的 Logo，也能传递我们店的温馨气息。

OK 2　用 Logo 作为店铺图标。

设计师

用 Logo 作为地图上的店铺图标很有创意，而且斜线让 Logo 更加醒目。

字体

花とちょうちょ
もぐぱん
A P-OTF 秀英丸ゴシック StdN L
大阪府金沢市寺町

配色

CMYK
40 / 60 / 90 / 30

自然且充满温馨感的设计

即使不放照片，也能表现出自然、温馨的感觉！

巧妙地使用品牌 Logo，呈现自然又可爱的样子。

GOAL!

〈交付时的对话〉

很高兴能有和我们店非常吻合的自然又温馨的店铺卡，谢谢！

客户

设计师

不依赖照片，灵活使用 Logo 真是太好了！希望这个纺锤形面包能够大卖。

CASE 02 » 花店的店铺卡

STEP 1
订购

客户
花店

设计需求
制作花店的店铺卡，要充满可爱和通透感的设计。这是一家开在与车站直接相连的购物中心的连锁花店，很多人是下班后顺道光顾的。来店的客户中二三十岁的女性比较多。花店可以提供照片。

客户

〈前期交流〉

希望制作一张和鲜花一起交给顾客的店铺卡。因为照片的通透感十足，所以希望设计得可爱一些。

客户

通透感和可爱感，明白了，您提供的照片也很棒。

设计师

感觉不错吧，因为有许多二三十岁的女性顾客，所以要有女性喜欢的元素。

客户

START！

会是怎样的一张店铺卡啊，从现在就开始期待了。和鲜花一起交给顾客时，他们能够喜欢就太好了。

表现纯净、可爱的感觉

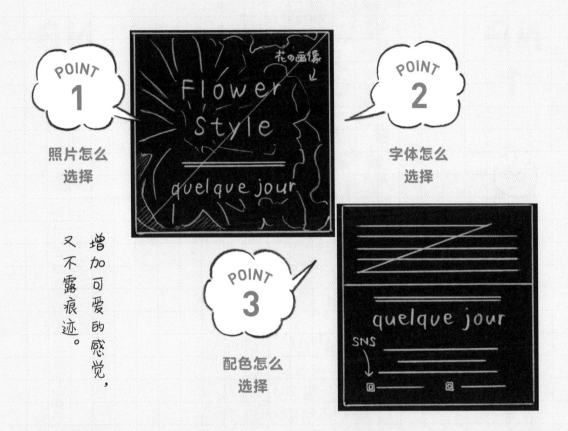

POINT 1

照片怎么
选择

POINT 2

字体怎么
选择

POINT 3

配色怎么
选择

增加可爱的感觉，又不露痕迹。

商谈笔记

» 加入 Instagram 和 Twitter 的 ID
» 使用花卉样式的文字
» 客户提供鲜花的照片
» 使用装饰性的字体
» 配色明度要高，呈现可爱感
» 灰色调似乎也不错

需求关键词

» 可爱　　　　» 时尚
» 通透　　　　» 柔和
» 女性喜欢的设计

THINK...

一定要做出女性喜欢的可爱设计。

花朵照片铺满整版，运用粉色系

NG
1

**Flower
Style**

des jours enchanteurs

quelque jour

NG
2

照片很漂亮，但是有些可爱过头了吧？希望能更时尚。

Je veux vous offrir des jours fascinants. Nous vous attendons avec de jolies fleurs. Vivre avec des fleurs dans votre vie quotidienne. Je parie que ce sera génial. Je t'aiderai.

des jours enchanteurs
quelque jour

神奈川県八王子市北園 203-43
TEL 030-1234-5678

⊙ quelque_jour030   🐦 quelque_jour030

问题！

设计过于单调，背面文字信息需要进行分割排列。

NG
1 **对可爱的理解不同。**

客户
是不是有些可爱过头了？另外，最好不要用粉色。

设计师
只顾着配合照片的色彩就选了粉色系，看来行不通。

NG
2 **排版单调无趣。**

客户
照片是没问题的，但是希望在设计呈现方式及文字排版上多下功夫。

设计师
只是把照片全部放进去，可能会很单调，想想照片的呈现方式吧。

把文字改成黑色，营造成熟、稳重的感觉

NG 1

OK 1

Flower
Style

des jours enchanteurs
quelque jour

Je veux vous offrir des jours
fascinants. Nous vous attendons avec
de jolies fleurs. Vivre avec des fleurs
dans votre vie quotidienne. Je parie
que ce sera génial. Je t'aiderai.

des jours enchanteurs
quelque jour

神奈川県八王子市北園 203-43
TEL 030-1234-5678

quelque_jour030   quelque_jour030

照片到底应不应该更多地呈现呢？留白也很重要啊。

解决！

改变字体和颜色，文字就不会显得幼稚，反而时尚起来了。

NG 1 元素的优先顺序弄错了。

客户
照片那么漂亮，但是被文字挡住了。

设计师
还是要让照片更多地呈现出来，同时增加版面留白，调整文字的排版方式。

OK 1 协调的字体和颜色。

客户
不幼稚，又很符合女生的喜好，不错。

设计师
黑色的文字显得紧凑，通过使用纤细的字体可以提升时尚感，并营造优雅的感觉。

适度留白，灵活运用照片

嗯，看起来非常时尚，但是背面会不会显得太拥挤了？

Flower Style

des jours enchanteurs

quelque jour

Je veux vous offrir des jours fascinants. Nous vous attendons avec de jolies fleurs. Vivre avec des fleurs dans votre vie quotidienne. Je parie que ce sera génial. Je t'aiderai.

des jours enchanteurs

quelque jour　*Flower Style*

神奈川县八王子市北园 203-43
TEL 030-1234-5678

@ quelque_jour030　　quelque_jour030

可以在整体上设置留白吗？然后再调整一下文字的颜色、字体、大小，使内容有强弱对比，提高内容的可读性。

OK 1　用留白和手写体营造氛围感。

客户
通过使用留白和手写风的字体，使版面设计变得生动又美丽，感觉很好！

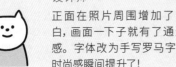

设计师
正面在照片周围增加了留白，画面一下子就有了通透感。字体改为手写罗马字，时尚感瞬间提升了！

NG 1　文字组合看起来很局促。

客户
正面感觉不错哦，但是背面文字太多，感觉很局促，页面稍显凌乱。

设计师
边框加留白，反而显得局促，那就调整一下文字的大小和行距吧。

调整文字，注重留白和排列方式

OK 1

正面文字增加了色彩，整体上更柔和了，非常好看！

des jours enchanteurs

quelque jour

Je veux vous offrir des jours fascinants.
Nous vous attendons avec de jolies fleurs.
Vivre avec des fleurs dans votre vie
quotidienne. Je parie que ce sera génial.
Je t'aiderai.

des jours enchanteurs

quelque jour
神奈川県八王子市北園 203-43
TEL 030-1234-5678

quelque_jour030　quelque_jour030

OK 2

调整文字排版，适度增加留白，使页面变得简洁，图文元素布置游刃有余，设计不再花哨，呈现一种既可爱又时尚的氛围。

OK 1 利用颜色带来微妙的变化。

客户

改变一部分文字的颜色，版面就柔和起来了。店铺名字也更清楚了，风格很独特。

OK 2 文字处理得当就能瞬间吸引受众视线。

设计师

文字缩小，增加留白，行距和字距也进行了调整，使文字之间拥有了更多的空间，可爱的感觉跃然纸上。

字体

Adobe Handwriting Ernie

Flower Stylle

Audrey Medium

quelque jour

配色

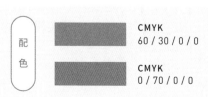

CMYK
60 / 30 / 0 / 0

CMYK
0 / 70 / 0 / 0

时尚又可爱的设计

可爱又通透的卡片，与店铺的形象相映成趣！

为受众创造一种可爱感和通透感。

GOAL !

〈交付时的对话〉

这种通透感让人爱不释手。整体颜色真可爱，与店铺的形象相符，我太开心了！

客户

设计师

能实现您想要的可爱又通透的感觉，我也很开心！

CASE
03 ≫ 牙科医院的诊疗卡

STEP 1
订购

客户

客户
牙科医院

设计需求
制作牙科医院的诊疗卡。需要干净、温馨的设计，字体和颜色都要给人温和的印象。这家牙科医院开业五年了，人气非常旺，是孩子们经常光顾的地方。

〈前期交流〉

这张卡片是为了方便患者预约就诊制作的，上面有预约电话和问诊时间。考虑到顾客都是带孩子来诊疗的家庭，所以希望设计能传递温柔的感觉。

客户

设计师

嗯嗯，希望孩子看了一点儿都不会害怕。

对，还要注意，因为是医疗机构，所以希望设计方案可以呈现一种干净、简洁的氛围。

客户

START！

要是能设计出顾客愿意放在家里醒目位置的卡片，那就太好了。

使用插画，并突出温柔的感觉

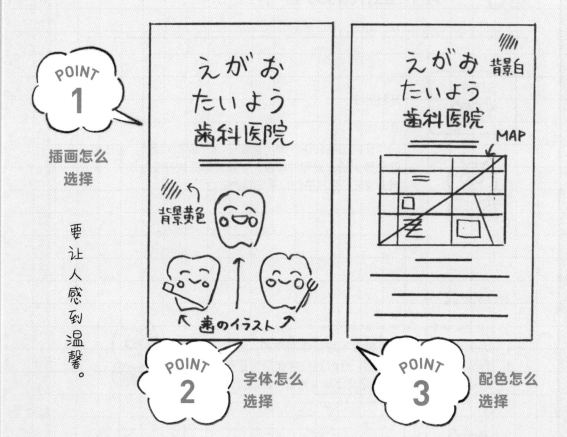

要让人感到温馨。

POINT 1 插画怎么选择

POINT 2 字体怎么选择

POINT 3 配色怎么选择

商谈笔记

» 加入诊室的名称和诊疗时间
» 加入"请预约"文字
» 跟牙科相关的插画（有亲切感的插画）
» 字体要柔和
» 配色要清新、透明，展现干净和温馨的感觉

需求关键词

» 干净
» 温馨
» 亲切

THINK...

努力做出简洁、干净、温馨的卡片，传递温柔的牙医形象。

STEP 3 ≫ **初稿**

运用牙齿插画

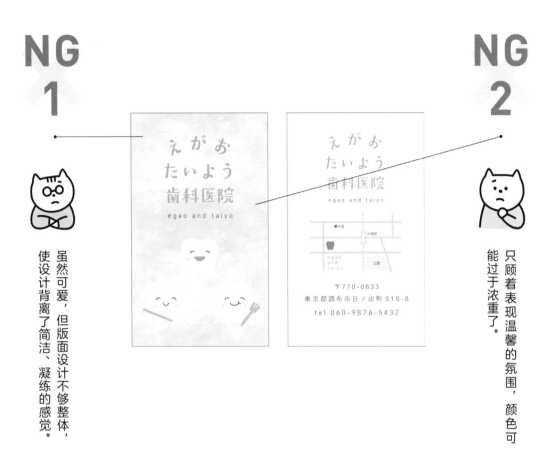

NG
1

虽然可爱，但版面设计不够整体，使设计背离了简洁、凝练的感觉。

NG
2

只顾着表现温馨的氛围，颜色可能过于浓重了。

NG 1 核心形象弄错了。

客户

嗯，虽然能够让人觉得很温馨，但是好像哪里不对。因为是医院，还是希望有简洁、凝练的印象。

设计师

只顾着使用温暖的颜色和插画来表现温馨感，却忽略了最重要的信息。

NG 2 颜色过多，不够统一。

客户

看起来总觉得不统一，可不可以只用蓝色调？

设计师

嗯，原本是考虑到孩子们的感受，不过可以尝试改成蓝色系。

加入边框装饰，改成干净的配色

NG
1

OK
1

问题！

虽然画面显得简洁，但是整体感觉有些冷冰冰的。哦，必须要写上『请预约』的文字和就诊时间。

减少颜色，使画面变得简洁、凝练，实现统一。

NG
1 内容没写完整，
　形象也不达标。

客户
诊室名称、问诊时间、"请预约"文字，这些都没有写上去啊，而且配色显得冷冰冰的，能不能添加一些温暖的感觉？

设计师
必须仔细确认，是否包含全部必须展示的内容。

OK
1 改变配色，
　给人一种清洁感。

客户
拱门边框给人温柔的感觉，很好! 蓝色系与医院的氛围也比较契合。

设计师
用边框装饰来传递温柔感，用蓝色系形成统一感，同时干净、简洁的感觉也出来了。

改为暖色系渐变效果，补充信息

OK
1

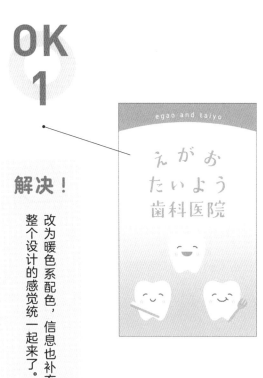

NG
1

解决！

改为暖色系配色，信息也补充完整，整个设计的感觉统一起来了。

如何同时传递『牙医』和『温馨』的信息呢？背面还是感觉冷冰冰的。

OK
1 加上暖色，
增添温暖的感觉。

NG
1 正面和背面有"温差"。

客户
暖色系渐变效果给人温暖的印象，跟医院的风格很搭配，感觉不错！

客户
正面感觉很好，希望背面也能加入暖色，最好还能突出牙科医院的特征与氛围。

设计师
在正面底部加入暖色系渐变效果，温馨的感觉一下子就出来了！

设计师
正面的暖色也可以同时用在背面，信息可以用颜色区分，更容易分辨、易读，但是如何突出牙科医院的特征呢？

巧妙使用背景和三色搭配

OK 1

OK 2

插画调整后有了动感，让人觉得气氛很积极、轻松。用牙齿形状剪影作为背景既有趣，又体现了牙科医院的特征，整体的感觉真不错！

三色搭配才是最佳组合，能让您喜欢真是太好了！

OK 1 在插画的组合方式上多思考，营造温馨、简洁且富有故事性的版面。

客户
插画中的牙齿采用拟人的创作手法，很像在做亲子活动! 小朋友们来就诊一定会觉得很开心。

OK 2 增加有趣、个性的表达方式。

设计师
把背景线条做成牙齿的形状，增加了趣味性。整体设计更好地表达了牙科医院的特征。

字体	DSそよ風 **えがおたいよう歯科医院** A P-OTF 秀英丸ゴシック StdN B **一般歯科**	配色		CMYK 55 / 15 / 0 / 0
				CMYK 0 / 55 / 50 / 0

干净又温馨的设计

这样的卡片谁拿在手上都会觉得很愉快，谢谢！

把需要传递的信息进行排版，对文字信息分区整理，让读者更好、更快地掌握信息非常重要。

GOAL!

〈交付时的对话〉

电话号码非常醒目，一目了然，真不错！可爱的插图和有趣的设计，让小朋友看了也很喜欢，我很满意。

客户

设计师

不遗漏客户要传递的信息，这是最基本的原则，怎么对这些信息进行排列并有效传递，就看设计师的本事了。

CASE
04 ≫ 寿司店的店铺卡

STEP 1
订购

客户
寿司店

设计需求
制作寿司店的店铺卡。需要高级、流行的设计，还需要是日式风格的。这家寿司店不是普通的回转寿司店，而是高级的点餐寿司店，这里的寿司师傅年龄在 30~40 岁。店里能看到活鱼，点餐后，师傅会马上为客人处理新鲜活鱼。店里选用的木质桌椅给人很高雅的感觉。

客户

〈前期交流〉

作为比较高级的餐厅，希望能吸引年轻人在特别的日子来店里庆祝、就餐，还希望整体设计既高级又时尚。

客户

设计师

嗯，真好！高级感和时尚感，好的，就设计成能吸引年轻人的风格吧！

嗯，毕竟是寿司店，时尚的同时也不要忽略日式的风格哦。

客户

START！

如果年轻人看到卡片就能在特别的日子来我店用餐，那就太好了！

用日系风表现高级感和时尚感

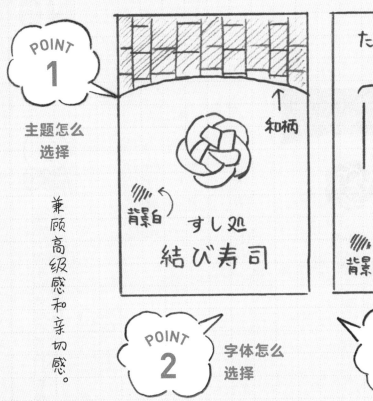

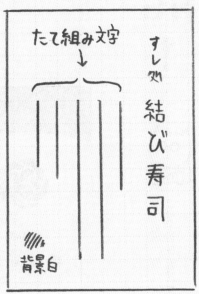

POINT 1 主题怎么选择

兼顾高级感和亲切感。

POINT 2 字体怎么选择

POINT 3 配色怎么选择

商谈笔记

» 加入午餐和晚餐的开餐时间
» 想吸引年轻人来就餐　» 主题是日系风
» 采用传统日式图案，还是现代日式图案？
» 日式字体　　　　　» 高级配色
» 不止要格调高，还要有些轻奢感

需求关键词

» 流行加高级
» 时尚
» 日式

THINK...

努力找到高级感和时尚感的平衡点，同时还要考虑能吸引年轻人，这家寿司店的店铺卡设计很有挑战性！

充满日系风的设计

这个设计看起来有些过时啊。

すし処
結び寿司

すし処
結び寿司

〒二三四－〇〇五三
京都府館山市古千谷一〇二五－二
TEL 〇三〇－五六七八－九一二三
昼　十一時～二時
夜　五時～十時

虽然看得出想体现日系风和高级感，但是总体的氛围不相符。

NG 1 设计风格显得过于陈旧。

客户
嗯，感觉是 20 世纪的设计风格啊，我想要的是目前流行的日系风。

设计师
只顾着突出日系风和高级感，却忽略了时尚感，导致设计显得陈旧。

NG 2 设计不统一。

客户
整个设计看起来显得很凌乱，日式风格就一定要把文字竖着排列吗？

设计师
卡片两面的平衡感很差，文字竖着写不利于阅读，还是不要这样做了。

改变页面颜色和字体

NG 1

问题！

整体的设计风格还是显得陈旧，略显单调。

NG 2

虽然信息易于阅读了，但是整体感觉不太搭配，试着调整字体吧。

NG 1 日式图案显得陈旧。

客户
虽然比上一版好了一些，但还是不够时尚、灵动。正面的边框真的有必要吗？

设计师
两种颜色的方格边框确实太沉重了，而且也太粗了，那就调得简洁一些吧。

NG 2 字体与设计风格不符。

客户
把汉字数字改成阿拉伯数字确实更容易阅读了，但是感觉还是差一些。

设计师
换成横排的阿拉伯数字还是感觉不对，那就试着挑选符合店内氛围的字体和颜色吧。

去掉方格边框，更换简洁的字体

OK 1

NG 1

解决！

这个设计既简洁又有质感，字体效果也很不错。

为了简洁只强调 Logo，整体设计缺少日式的感觉，同时要注意页面颜色的使用。

OK 1 把线条和字体简洁化，就有了质感。

客户
把边框的花纹去掉，提升页面质感，文字也易读了，感觉不错。

设计师
试着把正面的边框去掉，设计成简洁的边框。字体也改成简洁的明朝体（宋体），给人带来轻松、优雅的感觉，同时呈现高级感。

NG 1 Logo 过于明显。

客户
是不是太单调了？希望能体现日系风。

设计师
简洁处理后，让 Logo 显得过于抢眼了，那就再试着加入一些日系风元素吧。

调整 Logo，添加合适的图形

OK
1

OK
2

简洁又有品位，这个日式风格也太好了吧。

增加了一些修饰，背面也换成红色，这样卡片的整体感就出来了。

OK
1 用简洁的线条表现日式风。

客户
给"すし処"（寿司店）加上边框，一下就有了日系风格的效果，文字竖着排列也很不错。

OK
2 统一色调提升了高级感。

设计师
统一色调，将红色作为主色调，与棕色进行搭配，为画面体现高级感。

字体

FOT-筑紫Cオールド明朝 Pr6 R
結び寿司
Gidole Regular
MUSUBI SUSHI

配色

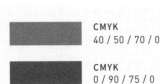

CMYK
40 / 50 / 70 / 0

CMYK
0 / 90 / 75 / 0

有质感的日系风设计

得淋漓尽致。我很满意，谢谢！

很有质感，将店铺的高级感展现

就能更有质感。

选择合适的配色和排版方式，设计

GOAL !

〈交付时的对话〉

感觉年轻人会非常喜欢这种时尚设计，同时也能
传递店铺的高级感。嗯，很想把这些卡片早点儿
放在店铺里面！

客户

设计师

如今，想要体现高级感一定不能太刻意。在塑造日
式风格时，不要只局限于用日式图案来表示，设计
要更加巧妙、灵活才行得通。

CASE 01 » 会计师事务所宣传单

STEP 1 订购

客户

会计师事务所

设计需求

制作会计师事务所宣传单。想要展示干净、柔和的形象。使用插画类的设计风格。这个会计师事务所里职员的年龄在 30~40 岁。事务所的代表色是绿色。

文案

纳税申报工作请交给我们。

客户

〈前期交流〉

会计师事务所总给人很严肃的感觉，我们想通过这张宣传单为我们的事务所塑造一种干净、亲和，给人以可信赖的形象。希望这样的感觉能吸引客户将工作交给我们。

客户

巧妙地使用插画会让页面变得有趣且便于阅读，亲切感和吸引力也自然会有所提升。

设计师

哦，对了，如果能用上公司的代表色——绿色，那就更好了。

客户

START！

如果能吸引客户拿着这张宣传单来公司咨询业务，那就太好了！

充分体现干净、休闲的整体风格

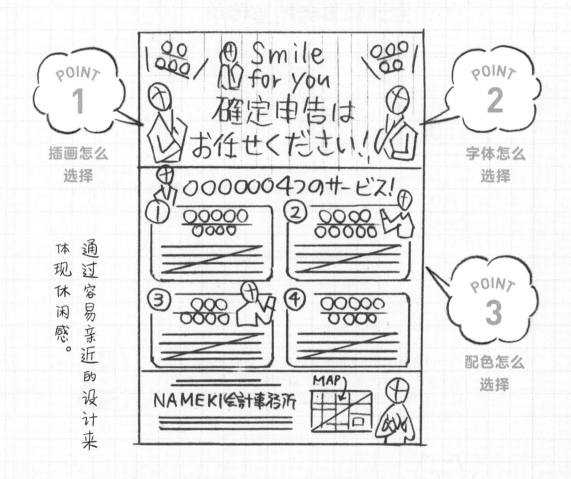

商谈笔记

» 加入 "smile for you" 文字

» 加入位置图

» 加入事务所的网址

» 使用插画

需求关键词

» 干净   » 信任

» 亲和   » 纳税申报

THINK...

巧妙地运用插画和公司的代表色，设计出能给人留下干净、亲和且给人以信赖感的宣传单。

\ POINT 1 /

如何选择主题照片？

先决定插画主题，再讨论设计风格。

把人物作为选择的重点，考虑什么样的插画风格能给人亲和的感觉吧。

\ POINT 2 /

选择什么样的字体？

Smile for you

Smile for you

Smile for you

选择能给人严谨印象的字体。

选择能给人严谨、沉着印象的字体，
才不会显得过于随意。

\ POINT 3 /

选择什么样的配色？

以公司代表色为基调进行思考。

以公司的代表色——绿色为基调，
考虑干净和亲和的配色风格。

使用插画和多色搭配

NG ✕ 1

插画过多了吧？颜色也太杂了，页面排布杂乱无章。

NG ✕ 2

问题！

运用多幅插画和缤纷色彩来表现亲和力，多福插画和条纹背景让观者视线变得凌乱？

NG 1 插画过多，导致观者视线变得凌乱。

客户

版面很华丽，但插画是不是用得太多了呢？

设计师

只顾着多用人物插画表现亲和力，却忽略了这样会造成版面凌乱的问题。

NG 2 颜色种类过多。

客户

条纹背景太抢眼，颜色也太多了。

设计师

本来是想用缤纷的色彩来配合插画元素，但是从整体设计效果看来，还需要再简洁一些。

减少插画和色彩，突出绿色调

OK
1

OK
2

解决！

减少了插画和色彩的种类，营造出稳重感。

这样一来看起来稳重多了，但是显得过于朴素了，字体也很陈旧。不过，运用公司的代表色作为主色调，这一点我很满意。

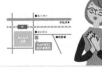

OK
1

减少插画和色彩种类。

客户
减少插画和色彩的数量之后，画面显得稳重多了，但是不是又单调起来了？

设计师
减少插画虽然突出了稳重感，但是颜色种类过多，让人眼花缭乱，而且亲和力和信赖感也没有表现出来。

OK
2

以公司代表色为主调。

客户
以绿色为主调能够准确展现公司形象，感觉不错。

设计师
减少色彩，并以绿色为主调，条纹背景使页面变得拥挤，可以在文字周围增加留白。

更改字体和背景版式，添加合适的图标

OK 1

嗯，既显得休闲又很有可信度，很好。小图标传递信息更加准确，但是背景还是感觉单调。

OK 2

通过不断调整，有序地进行要素之间的排布，加强了设计的亲和力。可以大胆地使用公司标准色来进行设计。

OK 1 将标题背景改为白色。

客户

啊，感觉一下子就不一样了！背景很简洁大气，文字信息也十分醒目，也能让人感到可信。

设计师

调整得很成功，休闲的背景和实在的文字，给人一种干净、可信的感觉。

OK 2 添加图标，直观展示。

客户

在服务内容部分加入的小图标，效果真不错，比单纯的文字展示更容易理解。背景能不能再丰富一些呢？

设计师

直接用小图标让服务内容一目了然，接下来要调整一下页面的平衡感。

背景和插图统一成绿色系的

背景的版式很灵动，也很时尚！服务内容的文字也换成绿色系的，页面的设计更为统一，感觉信息传递的准确度又增加了。

通过统一采用绿色系配色方案，调整文字图标大小，版式设计就会变得个性十足！

OK 1

把插图也统一换成绿色系的。

客户

整体运用绿色系，感觉真不错！小图标也放大了，更加醒目，易于理解。

OK 2

为背景添加装饰效果。

设计师

服务内容分块整理，可以起到集中注意力的作用！加入的圆点和丝带元素也都能起到很好的装饰作用，显得更加休闲且富有亲和力了。

字体	A P-OTF A1ゴシック StdN M **確定申告はお任せください！** DSそよ風 笑顔あふれる4つのサービス

配色	CMYK 80 / 0 / 100 / 0 CMYK 0 / 0 / 50 / 0

整洁又休闲的设计

充分运用了公司的代表色，我很满意，谢谢！

自以为是地添加很多元素，其实效果并不好，设计中做『减法』是很重要的方法之一。

〈交付时的对话〉

这样的宣传单会在一大堆的宣传单中脱颖而出，让人一眼就能看到。那个"绿色的会计师事务所"看起来不错哦。

客户

根据客户想要表现的内容做"加法"或"减法"，反复尝试才能做出好的设计。

设计师

CASE
02 » 网络服务公司宣传单

STEP 1
订购

客户

客户

网络服务公司

设计需求

需要充满智慧感和信赖感的设计，以科技感为主题。公司拥有 30 多名职员，大部分为三四十岁的男性。

文案

网络问题，一网打尽！

〈前期交流〉

公司的主营业务是网络咨询和 IT 相关服务，所以希望宣传单能凸显 IT 行业的尖端感和值得信赖感。

客户

设计师

也就是说，要设计得既符合公司的经营范围，又帅气干练，给人一种任何 IT 难题都能解决的感觉，对吧？

对，就是这种感觉。主题可以使用数码及科技感较强的元素。

客户

START！

很多客户都觉得网络服务和 IT 服务咨询公司不可靠，这个宣传单要是能提升客户对我们的信任度，就太好了！

设计要优先考虑传递信任度

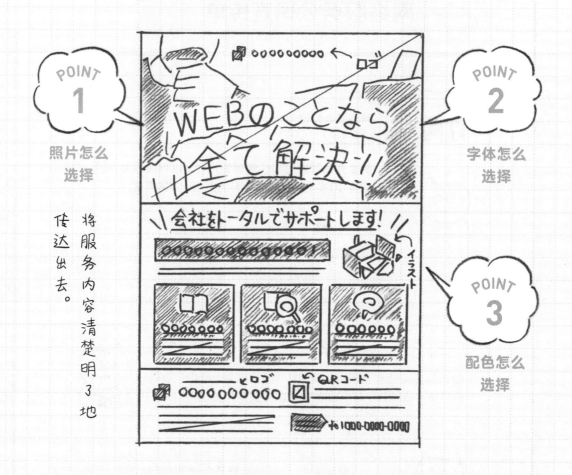

将服务内容清楚明了地传达出去。

POINT 1
照片怎么选择

POINT 2
字体怎么选择

POINT 3
配色怎么选择

商谈笔记

» 体现科技感主题

» 加入公司网址

» 加入远程支持的内容

需求关键词

» 智慧

» 可信赖感

» 简洁

» 科技感

THINK...

努力做出帅气又值得信赖的宣传单，让客户放心地将工作交给我们！

\ POINT 1 /

如何选择主题照片？

 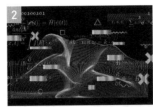 

 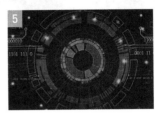

可以试着考虑非照片类的素材。

考虑使用科技风格主题的图片，也可以在计算机图片、手机壁纸、数字图案、波形图案和几何图案中寻找。

\ POINT 2 /

选择什么样的字体？

WEBのことなら

WEBのことなら

WEBのことなら

选择能给人信赖感的字体。

考虑公司的主营业务，选择让人觉得严谨的字体。

\ POINT 3 /

选择什么样的配色？

考虑有敏锐感，可以给人信赖感的颜色。

要使用能让人联想到 IT 行业的敏锐和沉稳的配色。

有亲切感的简洁设计

虽然简单易懂，但是感觉太普通，仅对宣传信息进行了排列，无法吸引观者的视线。

问题！

虽然设计得很容易被人信赖，也很有亲切感，但信息文字之间没有差异化，版面过于普通，试着改变一下版面设计吧。

NG 1 整体设计中规中矩。

客户
完全不吸引人。好像市中心派发的计算机课程宣传单，我想要更高级的，以体现公司魅力。

设计师
只顾着设计出亲和的感觉，让人觉得值得托付，却忽略了客户想要的氛围。

NG 2 过于规整，显得单调。

客户
信息内容都是同一种版面设计，是不是设计得过于规整了？希望能营造充满科技感的氛围。

设计师
改变布局试试，看看能否传递出充满科技的感觉吧。

改变框架结构，让版面更加灵动

NG
1

改变版面的整体布局，版面变得灵动且富有冲击力，但是服务内容部分的底色面积太大，视觉上也不够突出。

OK
1

解决！

使用三角形状的构图与装饰，使页面布局更加灵动，不错！但是服务内容板块显得很呆板，没有个性。而且我还想更充分地体现可信赖感。

NG
1 色块面积过大。

客户

服务内容要设计得更一目了然。同时，标题的字体略显生硬。

设计师

服务内容部分的底色过于单调了，做一下色彩分区让信息更加直观、易读，看看效果吧。

OK
1 布局有了动感。

客户

改变后版面变得简洁、大气了，但是还想把值得信赖的感觉传递得再强烈一些。

设计师

将版面进行有倾斜度的分区，大胆裁切图片，表现出冲击感，同时主图放置于海报左上方，体现了气势和动感。

标题字体改为明朝体（宋体）

OK **1**

字体一变给人的印象就完全不一样了，服务内容部分也很有改观，真好！但是整体上感觉还是有欠缺的地方。

（传单中间图片）

BLUEBACK CLOUD

WEBのことなら
全て解決！

会社をトータルで
サポートします！

リモートサポート
も充実！
お客様や現場の問題を遠隔スピーディー
に解決いたします！

現状分析 サービス
3つのフレームワークで御社の現状と問題を把握し改善を提案します。

改善探索 サービス
Webサイト、プロダクトを探索して評価し、ユーザーの観点に立ってアドバイスします。

効果測定 サービス
商品・サービスを測定し解析します。競合サービスの差別化に効果的です。

Webコンサルティング
BLUEBACK CLOUD
福岡県平戸市友が丘 3-15

オフィス機器無料健康診断をいたします
利用情報を分析してあらゆる情報を総合的に判断し、改善ポイントを元にアドバイスいたします。

お申し込みは
こちらから tel 030-5678-9123

OK **2**

把字体改为明朝体（宋体）是明智之举，服务内容通过运用色块，将项目分隔开，起到引人注目的效果，可以进一步做一些调整吧。

OK **1** 更改字体。

客户
宣传单给人的印象一下子变了，明朝体（宋体）给人严谨、认真的印象。

设计师
将字体改为明朝体（宋体），成功地展现了可信赖感，字体给人的印象很重要啊！

OK **2** 整理服务信息。

客户
服务内容用不同色块区分，更容易引导观者阅读，但能不能在整体设计细节上下些功夫呢？

设计师
不同的服务内容运用不同的底色，并调整布局改善整个版面的设计。

添加渐变效果，微调整体布局

OK 1

整体的设计风格充满科技感，同时也充满智慧感，服务内容部分也很清晰明了，插画的位置也很好，我很满意。

OK 2

在整体布局不改变的情况下，进行色彩与文字位置的微调，提升了版面的格调。

OK 1 用渐变体现纵深感。

客户

渐变让内容显得很有深度，给人更可信的印象，整体颜色也充满 IT 感，非常好!

OK 2 改变插画的位置，调整图标与文字。

设计师

试着把内容性文字固定在一处，让读者在阅读的过程中视线不游离，同时调整图标与引导文字的大小，使版面细节更加精致、干练，也烘托了整体氛围。

字体	
ヒラギノ明朝 StdN W6	**WEBのことなら**
FOT-ロダン Pro DB	**改善探索 サービス**

配色		
	CMYK	85 / 50 / 0 / 0
	CMYK	20 / 10 / 10 / 0

充满智慧感和可信赖感的设计

充满科技感和可信赖感的设计，客户一定可以放心委托工作给我们了，谢谢！

一定要认真对待客户的设计需求。

GOAL！

〈交付时的对话〉

改变字体、色彩和布局就能让宣传单的效果发生变化！这么优秀的宣传单，激励我们也必须做好工作，不辜负客户的信任。

客户

不能执拗于最初的想法，要一边设计一边深度发掘客户的需求，这样才能对得起"设计师"的头衔！

设计师

CASE
03 » 女性水疗沙龙宣传单

STEP 1
订购

客户
女性水疗沙龙

设计需求
制作水疗项目的宣传单。需要项目内容简单易懂，能吸引女性顾客。店内是充满植物的自然风格，营造了一个治愈的空间。目标人群是 30 岁左右的女性。

文案
全身护理，不再疲劳；最幸福的时刻。

客户

〈前期交流〉

我们的水疗项目可以让人在非常舒适的空间内得到治愈，客人主要是 30 岁左右的女性，希望设计的宣传单能够考虑女性的喜好，项目内容要写得突出、易读。

客户

嗯，项目信息要突出、易读，宣传单的设计要有吸引力！

设计师

既有普通项目也有高端项目，选择很多，如果能把这一点展现出来，就太好了！

客户

START！

如果宣传单能给人一种"这是给自己的奖励"的感觉，就太完美了。

首先考虑要有吸引力

POINT 1

照片怎么选择

让人有被治愈的感觉。

POINT 2

字体怎么选择

POINT 3

配色怎么选择

商谈笔记

» 加入公司信息

» 加入 Instragram 的 ID

需求关键词

» 女性喜欢的设计

» 舒适　　　　» 优雅

» 自然　　　　» 通透

» 治愈

THINK...

努力做出让人觉得能在这里度过美好时光的宣传单，为店里招揽更多的顾客吧！

\ POINT 1 /

如何选择主题照片?

想一想什么样的照片能给女性治愈的感觉。

自然散落的树叶和花朵、放松的女性形象,这些照片都能让人感到治愈,应该都比较受女性的喜欢吧?

\ POINT 2 /

选择什么样的字体?

至福のひと時を

　　至福のひと時を

至福のひと時を

选择高雅且能体现女性魅力的字体。

字体要与"享受幸福的时刻"的文案相匹配。

\ POINT 3 /

选择什么样的配色?

考虑高雅的治愈系配色。

选择那种给人精致空间和治愈感的配色吧。

选择女性喜欢的照片

NG 1 ✕

salon
Relaxation and Spa
◯ SPA EINMAL

This salon is a healing space where many natural things such as plants are displayed, and you can heal your daily fatigue with whole body care. There is also a bridal beauty treatment salon. Please spend a relaxing time.

全身ケアで日々の疲れを癒やします
～至福のひと時を～

植物が置かれたラグジュアリーな空間で癒やしの時間を
お過ごしいただけます。今日この時間を特別な日に。

Bridal

Menu			Bridal Menu		
Aroma Spa	30min.	¥5,500	Aroma Spa	30min.	¥10,500
Aroma Spa	60min.	¥10,500	Aroma Spa	60min.	¥20,500
Relaxation	120min.	¥30,000	Relaxation	120min.	¥40,000
Gold Relaxation	300min.	¥60,000	Gold Relaxation	300min.	¥70,000
Body Relaxation	60min.	¥20,000	Body Relaxation	60min.	¥30,000
Face Relaxation	60min.	¥10,000	Face Relaxation	60min.	¥20,000
Dry Head Spa	60min.	¥10,000	Dry Head Spa	60min.	¥20,000

◯ SPA EINMAL　tel 060-5678-9123　Instagram @spaeinmal

感觉有些单调，婚纱写真照片的位置和形状也觉得不太协调。

NG 2 ✕

问题！

虽然充分考虑了女性的喜好，但是元素过多，使页面显得拥挤。希望能让本店的项目信息更加清晰易懂，人物写真照片也可以再醒目一些。

NG 1 版面单调。

客户
嗯，总觉得哪里有些不太对，布局是不是太单调了？

设计师
只顾着用主图照片填满页面，虽然给页面带来高雅的效果，却忽略了其他元素的协调性。

NG 2 整体感觉不太协调。

客户
店名使用背景框的展示方式不是很醒目，人物写真照片的圆形处理也觉得有些不自然，整体觉得不太协调。

设计师
为了呈现高级感而加入了过多的元素，所以页面显得十分拥挤，试着去掉一些元素吧。

缩小照片，强调主题

NG 1

照片缩小后感觉好多了，但还是觉得单调。

将主题印象图放在页面上方，同时调整其他元素，现在的设计让主题文字更易于阅读了。

解决！

OK 2

NG 1 整体布局缺少动感。

客户
还是有些单调，能不能加入一些动感的元素呢？

设计师
所有的信息排列得都很整齐，反而不能吸引注意力，那就试试调整一下文字的排布吧。

OK 2 改变照片的尺寸。

客户
照片变小后，标题也容易看清了！

设计师
缩小照片，把主题文字放在顶端，更加醒目。

试着在布局中加入动感元素

OK

1

salon
Relaxation and Spa

○ SPA EINMAL

This salon is a healing space where many natural things such as plants are displayed, and you can heal your daily fatigue with whole body care. There is also a bridal beauty treatment salon. Please spend a relaxing time.

全身ケアで
日々の疲れを癒やします
～至福のひと時を～

植物が置かれたラグジュアリーな空間で癒やしの時間
をお過ごしいただけます。今日この時間を特別な日に。

Menu

Aroma Spa	30min.	¥5,500
Aroma Spa	60min.	¥10,500
Relaxation	120min.	¥30,000
Gold Relaxation	300min.	¥60,000
Body Relaxation	60min.	¥20,000
Face Relaxation	60min.	¥10,000
Dry Head Spa	60min.	¥10,000

Bridal Menu

Aroma Spa	30min.	¥10,500
Aroma Spa	60min.	¥20,500
Relaxation	120min.	¥40,000
Gold Relaxation	300min.	¥70,000
Body Relaxation	60min.	¥30,000
Face Relaxation	60min.	¥20,000
Dry Head Spa	60min.	¥20,000

○ SPA EINMAL　tel 060-5678-9123　Instagram @spacinmal

NG

1

用区块切割版面的方式，可以更好地传递信息，白色的背景也让文案更加醒目，很好！还希望能加入一些清新脱俗的感觉。

留白部分很漂亮，但是怎么觉得过于醒目，效果不是很好呢？

OK

1 用区块划分内容，
　整体统一协调。

客户
这个感觉很好！普通项目和高级项目区分得很清楚，一目了然。

设计师
信息和相应的图片放置在一个区域，通过将信息分开，使页面呈现韵律感，这样表达得更清楚。

NG

1 缺乏脱俗感。

客户
留白部分很突兀，如何能显得更灵动一些呢？

设计师
仅做成白色是不够的，想一想如何能加入清新脱俗的感觉吧。

使用浅色边框，突出主题文字

OK 1

OK 2

效果一下子就好了！清新脱俗、时尚美观，其中的信息也清晰明了了。

大胆地加入边框，使页面更有层次感，效果也符合客户的要求！画面中加入的手写字体也是点睛之笔。

OK 1 用边框得到收紧的效果。

客户
非常好的设计，整体看起来紧凑、别致、清新、时尚！

OK 2 文字间距调大，提升页面格调。

设计师
文字缩小，背景留白增大，提升了页面的设计感，营造出了清爽、高雅的氛围！

字体
FOT-筑紫Aオールド明朝 Pr6 R
全身ケアで日々の疲れを癒します
modernline
Aroma

配色
CMYK
20 / 10 / 5 / 0

CMYK
10 / 10 / 5 / 0

清新脱俗又高雅的设计

这个设计既清新脱俗又高雅，女性朋友们一定会喜欢，谢谢！

留白在设计中非常重要，以后设计时一定要避免元素过多。

GOAL！

〈交付时的对话〉

只是看到宣传单就已经有被治愈的感觉了，确实是很优秀的设计啊！

客户

适度留白能让设计变得简洁，并能让信息更清晰地传达。

设计师

CASE 04 » 社区活动日宣传单

STEP 1 订购

客户
社区委员会

设计需求
制作社区活动日的宣传单。设计需要营造出明快、愉悦的氛围。活动日将在社区的居民会馆举办，任何年龄的居民都可以参加，还特别设置了工作坊。

文案
来玩! 来学! 来探索!

客户

〈前期交流〉

需要为社区活动日制作宣传单，希望居民一看到宣传单就想带着家人一起来参加活动。希望宣传单能表现出明快、愉悦的感觉。

客户

设计师

社区委员会的宗旨——"希望更多居民都能接受"，宣传单的设计也要遵循这一宗旨。

是的! 社区委员会每次组织活动都绞尽脑汁地筹划老少皆宜的方案，真希望有更多的居民来参加。

客户

START!

最近组织的活动，居民参与度下降了，所以希望通过这份宣传单宣传一下，提高居民活跃度。

首先考虑的是传递快乐的设计

商谈笔记

» 加入活动人数上限

» 加入社区居民会馆的电话号码

» 如果有季节感就好了

需求关键词

» 流行   » 可爱

» 明快、愉悦   » 开朗

» 欢欣雀跃   » 社区的居民

THINK...

努力做出既有趣又受欢迎的设计吧。

\ POINT 1 /

如何选择主题照片？

选择多张照片，一定要保持色调一致。

倾向使用表现手部动作和面部表情的照片，让工作坊的活动氛围一目了然。

\ POINT 2 /

选择什么样的字体？

大阪西公民館

大阪西公民館

大阪西公民館

选择相对醒目的字体。

使用流行且醒目的字体吧。

\ POINT 3 /

选择什么样的配色？

考虑能传达明快、愉悦氛围的配色。

以暖色系为基调，可以烘托欢欣雀跃的氛围。

突出日期和主题

NG
1

NG
2

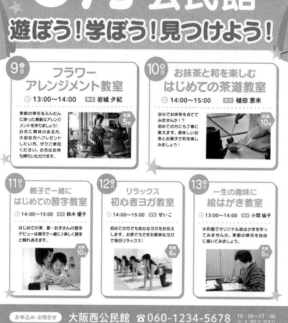

虽然看起来很热闹，但是没什么新意。主标题周围显得很乱，星星的图案会给人晚上活动的错觉。

问题！

为了表现轻松活跃的氛围，错误地使用了过多的元素。

NG
1
设计过于古板。

客户
看起来很古板，希望能更加时尚一些。

设计师
只顾着呈现社区活动的活跃性，塑造出五彩缤纷的感觉，反而给人页面十分混乱的印象，看来不太合适。

NG
2
让人觉得混乱，容易产生误解。

客户
主标题周围看起来太乱了，而且星星图案也让人觉得活动是在夜晚举办的。

设计师
对，那就减少一些元素，看看效果吧。

简化装饰和色彩

NG
1

OK
1

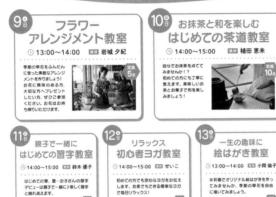

嗯，夜晚活动的感觉消失了。现在画面清晰易读，但是觉得吸引力不足，整体感觉还很呆板。

解决！

去掉多余的装饰，并调整为暖色调，给人温馨、愉悦的感觉，主标题周围也清爽多了。

NG
1　设计感不足。

OK
1　通过简化装饰元素，以突出信息。

客户
虽然变得简洁了，但是设计感还是不足，整体的设计感显得过时。

客户
主标题周围清爽了，去掉了星星装饰就不会让人误以为是夜晚组织的活动了，真棒！

设计师
只顾着简化，却忽略了设计感，到底是哪里让人觉得过时呢？

设计师
通过在标题周围减少装饰，统一色彩搭配，营造轻松、愉快的氛围！

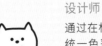

调整标题的版式，突出信息

『9月』变成了设计的亮点，现在的字体既时髦又可爱，我很满意！

大胆地把『9月』放在了正中间，使文字版式更有节奏感，并试着改变字体，就朝着这个方向做吧。

OK 1 突出"9月"，使标题更引人注目。

客户
这一版的标题设计很不错，将"9月"放在中间也很有新意！

设计师
标题属于要传达给读者的重要信息，将"9月"放在中间更能吸引人们的目光，颜色的调整也营造了柔和、温馨的氛围。

OK 2 调整字体。

客户
这个"9月"文字的字体我非常喜欢！

设计师
那太好了！我继续尝试把这种字体运用到宣传单的整体设计中了。

改变全部字体，优化装饰边框

OK 1

OK 2

非常可爱！设计风格很活跃、温馨，字体也很时尚，准确传达出了明快、愉悦的感觉，不错！

从『9月』文字的字体得到启发，应用到整个设计中，搭配效果非常好，同时浅色调也使页面氛围十分和谐。

OK 1 传递快乐的感觉。

客户

哇，一下子变得可爱了！不规则的边框和充满亲和力的文字，让人可以体会到很快乐的感觉！

OK 2 更改字体。

设计师

配合"9月"文字的字体进行统一调整，整个设计看起来更有趣了！

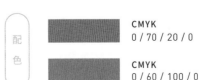

字体

DS照和70
大阪西公民馆
DSそよ风
9月

配色

	CMYK 0 / 70 / 20 / 0
	CMYK 0 / 60 / 100 / 0

流行、明快又欢乐的设计

这样明快的宣传单，让人拿在手里就觉得快乐。

设计时要时刻思考社区活动的特质，做出大家喜闻乐见的效果。能做出传递快乐的宣传单，真是太开心了！

GOAL！

〈交付时的对话〉

这份宣传单让人有"想去看看"的冲动，我很满意！一定会有更多居民对我们的活动感兴趣！

客户

字体是设计的重要因素，在以后的设计中一定要对字体的运用进行充分思考。

设计师

CASE
05 » 家具促销宣传单

STEP 1
订购

客户

客户
家具店

设计需求
制作家具促销宣传单，需要色调鲜明、布局流畅。商品价格要足够醒目。这家店经营各种样式的家具和室内装饰品。

文案
清仓大甩卖。

〈前期交流〉

> 要上新品了，所以对现有款式清仓大甩卖，宣传单要激起人们的购买欲。主要宣传打三折的沙发。希望色调明快、价格醒目。

客户

设计师

> 要宣传大型优惠活动，就要突出价格。

> 对，那就拜托了。虽然有多款商品要促销，但整体要简洁、清爽，要符合我们店的特质。

客户

START！

如果宣传单能吸引更多的客人来购买，就太好了！

突出"清仓""甩卖"文字, 激发购买欲

用醒目的价格, 烘托大促销的气氛。

商谈笔记

» 价格足够醒目

» 强调对比感

» 现在买最划算

需求关键词

» 清楚   » 清爽

» 简洁

» 有对比的设计

THINK...

努力做出既简洁又能准确传递打折促销信息的设计。

如何选择背景图片？

考虑能烘托促销气氛的图案。

可以考虑凸显"SALE"文字，并选取看起来能让人感到兴奋的元素。

选择什么样的字体？

クリアランス SALE

クリアランス SALE

クリアランス SALE

选择让人眼前一亮、有冲击力的字体。

采用能强调优惠且特别吸引眼球的字体。

选择什么样的配色？

采用热闹和对比强烈的配色。

对比鲜明的配色，更能传递打折促销的信息。

突出促销信息，令人兴奋的华丽设计

NG 1 ✕

虽然打折的气氛很浓厚，但是跟我们店的简洁风格不搭。

NG 2 ✕

主标题周围的设计太普通了，更改标题与商品详情部分的背景色，使其更容易区分。

NG 1 不符合店铺形象。

客户

和我们店铺的形象有些不搭配。

设计师

只顾着烘托促销氛围，却忽略了要与形象的特质相匹配，根据商品的感觉创作符合其性质的形象。

NG 2 过于常见的设计。

客户

虽然是大甩卖，也要给人既便宜质量又好，现在买最划算的感觉。试试更简洁、更有质感的设计吧。

设计师

用最常见的标题配以醒目的黄色，大减价的感觉是很明显，但还需要考虑简洁感。

更改标题周围图案和整体背景

OK 1

确实简洁了许多，但还希望能更准确地传递店铺的形象。

NG 1

问题！

过于突出促销信息了，没有传递出店铺的形象。

OK 1

减少颜色数量，
呈现简洁的设计。

客户
可能是因为背景变成单色的
缘故吧，画面简单易懂了。

设计师
简化了标题背景与颜色，确
实简洁了，但还不够符合店
铺形象，可以尝试调整色调
与标题背景。

NG 1

传递不出店铺的形象。

客户
宣传单不仅要起到宣传促销
的作用，还希望能表现店铺
的形象哦。

设计师
只顾着给顾客传递打折信
息，却忽略了要传达店铺的
形象。

为标题加入背景照片，体现店铺产品类型

NG 1

大标题后面的照片无法看清。另外，沙发图片能不能设计得更明显一些呀？

OK 1

解决！

把店铺的实景照片放进背景并结合文字，让人一眼就能看出这家店的产品类型与促销活动。

NG 1 文字的排版不好。

客户

特意加入照片，但是照片却被文字挡住了，看不清楚。另外，希望沙发照片能更醒目一些。

设计师

文字遮挡照片，使其无法发挥作用，如何设计出两全其美的效果呢？

OK 1 用照片传递店铺形象与产品类型。

客户

照片起到了传递店铺形象与产品类型的作用，真是太完美了！

设计师

运用店铺的实景照片作为背景，家具用品店的风格一下子就出来了！

字体更换为黑体，增强视觉冲击力

OK 1

OK 2

大甩卖的感觉非常强烈，一目了然，排版也张弛有度，我很满意。

字体统一换为黑体，主体颜色用红色，强调重要信息的同时，营造页面的高级感。

OK **1** 标题周围的处理很细致。

客户

沙发照片很醒目，标题部分也非常有设计感，一看就知道在进行大型促销活动。

OK **2** 运用色块让版面张弛有度。

设计师

用红色和白色色块来区分商品，效果很好，也是这个设计的亮点。字体统一为黑体，可读性得到了提升。同时，标题部分融入手写体，给人一种轻松的印象。

字体

Helvetica Bold
SALE

A-OTF ゴシックMB101 Pro DB
オドラのクリアランスセール！

配色

CMYK
5 / 100 / 100 / 0

CMYK
0 / 0 / 100 / 0

促销信息明确、冲击力强的设计

这张宣传单的设计，既符合店铺形象，又能突出打折促销信息，真是太好了！

设计时既要考虑客户想要的促销效果，也不能忽视展示店铺形象的诉求。

GOAL !

〈交付时的对话〉

> 红色的宣传单很有冲击力，而且一眼就能看出是什么商品在促销，让人感觉能买到实惠又优质的商品。嗯，应该会吸引很多客人来购买！

客户

设计师

> 大甩卖要设计得热闹才能凸显东西便宜、实惠，这样的想法太刻板了，容易被定式束缚，一定要注意避免这一点。

01 » LETZT 软件开发公司 Logo

STEP 1
订购

客户
软件开发公司

设计需求
设计软件开发公司的 Logo。需要用在公司名称前面加上感叹号的方式来表示公司对灵感探寻的理念，需要设计得具有代表性。这家公司专注制作成人使用的 App，公司职员都在 30~40 岁。

公司名称和意义
LETZT（德语，读作 let'st，意思是最终的，终极的）。

客户

〈前期交流〉

公司重视创意和灵感，所以希望 Logo 设计能够使用感叹号来传递公司的探索精神，同时也希望能让人看到这个 Logo 就觉得我们制作的 App 很高端。

客户

那就先试试把感叹号置于 Logo 前面的设计吧。

设计师

听起来不错，如果能设计出别具一格又便于使用的 Logo，我会非常满意！

客户

START!

如果能让大家一看见 Logo 就能明白我们公司的理念，那就太好了。

感叹号的呈现方式

POINT **1** 主题怎么选择

呈现简洁又时尚的设计。

POINT **2** 字体怎么选择

POINT **3** 配色怎么选择

商谈笔记

» 将感叹号置于前面

» 将长方形图标置于中心位置

需求关键词

» 灵光乍现　　» 时尚

» 延展感　　　» 冲击力

THINK...

一定要设计出能传递"灵光乍现"理念的 Logo，别忘了把感叹号放在公司名称的前面。

\ POINT 1 /

如何选择主题?

感叹号	IT 系	App 图标的 正方形

智能手机 极致

全面深入地思考公司的名称、服务理念和宗旨。

思考如何将前面的感叹号融入主题,以及如何才能表现 LETZT 所代表的终极含义。

\ POINT 2 /

选择什么样的字体?

LETZT
LETZT
LETZT

选择符合 IT 行业氛围的字体。

使用能给人时尚感的字体。

\ POINT 3 /

选择什么样的配色?

考虑简洁、凝练的配色。

Logo 配色的选择要充分考虑能给人灵光乍现感觉的 IT 行业氛围的风格。

使用细圆体表现精干风格

NG 1

看起来怪怪的，虽然很时尚，但感觉非常单调。另外，我想要更加有冲击力的效果。

!LETZT

NG 2

问题！

IT行业简洁、凝练的风格倒是没错，但是粗体字应该更适合吧？

NG 1 **与公司形象不符。**

客户

有些不对吧？虽然很时尚，但总觉得有些单调。

设计师

只顾着用细圆体的文字展现时尚感，却忽略了与公司形象相呼应。

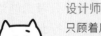

NG 2 **客户需求表达得不够充分。**

客户

虽然想要时尚感，但比起优美，力量感更符合我们公司的风格。

设计师

客户需求表达得不够充分。试着把字体改成粗体，设计得更严谨一些吧。

将字体加粗，选择竖长字体

！LETZT

感觉一下子就有力量感了！而且看起来很醒目，我觉得好多了。

解决！

换成粗体字后整个感觉都变了，而且把粗体字拉长后，丝毫不显得笨重，反而呈现了高级感。

OK 1 改用粗体字。

客户
文字变粗后就变得有力量感了，看起来也很醒目。

设计师
将字体改成粗体，提升了视觉冲击力，给人的印象一下子就变了。

OK 2 选择竖长字体。

客户
字体变粗并拉长更显有力，而且不破坏时尚感，很好。

设计师
即使是粗体，竖长字体也会给人时尚感，字体的选择很重要。

将感叹号图形化处理

OK 1

非常不错，表现灵光乍现的感叹号也变得像一个图标了。

OK 2

将感叹号图形化，上半部分设计为正方形，巧妙地体现了公司重视灵感的理念，品牌名中的 E 和 Z 也进行了微调，增加了品牌名与图形之间的平衡感。

LETZT

OK 1 有设计感的象征图形。

客户
感叹号变成了正方形，很有创意，这个主意很不错!

设计师
将感叹号设计成两个正方形，看起来本身就像一个App 图标，提升了设计的独特性。

OK 2 微调细节。

客户
字母 E 和 Z 都微调了，设计细节非常棒。

设计师
字体与图形的风格要保持一致，需要精心调整，细致的设计才能让作品呈现更好的整体感。

名称中也加入正方形装饰

LETZT

文字中也加入蓝色方块，真是点睛之笔！这个设计的感觉太好了，我很满意。

蓝色方块运用得很巧妙，视觉效果非常灵动，虽然看起来简单，但是公司『灵光乍现』的理念被表现得淋漓尽致。

OK 1　点睛之笔。

客户
用蓝色方块点缀，真是神来之笔，我们的理念传达得更准确了！

OK 2　准确传达理念。

设计师
色块的加入更加灵动、跳跃，将"灵光乍现"的公司理念与品牌精神有效地传递出来。

字体	TradeGothic LT Bold Regular **LETZT**

配色		CMYK 0 / 0 / 0 / 100
		CMYK 80 / 20 / 0 / 0

时尚且充满设计感的 Logo

这个设计能准确传达公司的服务理念，我很满意。

设计一定要服务于客户的诉求。

GOAL！

〈交付时的对话〉

> 这个 Logo 不仅设计得很美观，也能精准表达公司的服务理念，我很喜欢。希望这个 Logo 能永远使用下去。

客户

> 巧妙地选择字体和图形，在图形的方寸之间，让 Logo 的每一处都具有深刻的意义，这就是所谓的终极 Logo 吧。

设计师

CASE
02 » DASH CARRY 宅配服务公司 Logo

STEP 1
订购

客户
宅配（快递）服务公司

设计需求
制作宅配服务公司的 Logo。需要设计得简洁、时尚，要不同于其他宅配公司的 Logo。希望通过个性化的 Logo 吸引更多的客户。

公司名称和意义
DASH CARRY（自造词，意思是快速搬运）。

客户

〈前期交流〉

宅配服务作为公司的新业务，需要专门制作一个 Logo。因为是这个行业的后起之秀，所以希望 Logo 能够与其他宅配公司不同，传统宅配公司的 Logo 都比较老气，希望我们的 Logo 能有个性。

客户

设计师

嗯，那我先看一下别的宅配公司的 Logo 都是什么样子的。

那就拜托了。哦，还有，我们主要在 Instragram 上推广，希望这个 Logo 要符合新媒体的特征。

客户

START！

如果 Logo 能够设计得既时尚又个性，让人更容易记住我们，我想公司的客户也会增加吧。

充分考虑独特又简单的设计

POINT 1 主题怎么选择

住的独特 Logo！设计出让人一下就能记

POINT 2 字体怎么选择

POINT 3 配色怎么选择

商谈笔记

» 独特

» 在 Instragram 上使用

» 涉足新业务，首要任务是让客户知道我们

需求关键词

» 简洁   » 个性

» 时尚   » 独特

THINK...

努力做出简单又独特的 Logo，把公司"快速搬运"的理念展现出来！

\ POINT 1 /

如何选择主题?

"宅配"的汉字   速度感   搬运工人

打包用的箱子   送货的卡车

深度考虑公司的名称、服务宗旨和理念。

Logo 的设计要突出宅配（快递）的主题，公司名称 DASH CARRY 有"快速搬运"的意思，所以 Logo 要把速度感表现出来。

\ POINT 2 /

选择什么样的字体?

DASH CARRY
DASH CARRY
DASH CARRY

选择线条简单的字体。

使用线条简单的字体，突出 Logo 要表达的含义。

\ POINT 3 /

选择什么样的配色?

考虑比较通用的基础色调。

使用黑色调作为主色调。

用卡车的图形和线条字体进行表现

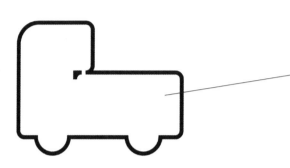

NG 1

这个设计太普通了，希望能更有趣、更个性，让人看一眼就忘不掉。

NG 2

宅配服务的设计就使用货车，这样的设计方案过于简单了，还要更有趣、更个性一些，怎么才能做到呢？

NG 1 想法过于简单、直白，没有视觉冲击力。

客户
货车的形象，其他宅配公司也在使用，请考虑其他易于理解的表达方式吧。

设计师
只顾着用有行业代表性的货车来突出宅配的主题，却忽略了这种设计太常见，容易雷同。

NG 2 名字的含义没有表现出来。

客户
图形看起来没有体现出速度感，就连这个货车的图案也是静止不动的。

设计师
文字下面加入的线条其实就是为了表现速度感啊，可能速度感传递得还不够。

以宅配的"宅"字展开设计

OK 1

以汉字为主题，感觉很有趣，而且这个字的设计也很与众不同，不错！

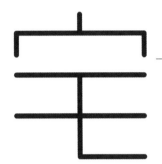

宅

DASH CARRY

OK 2

解决！

更换主题图形，将品牌名中的「宅」字图形化，接下来还可以赋予这个设计更精彩的变化。

OK 1 令人印象深刻的特色设计。

客户

这一版的设计很与众不同，非常独特，绝对能让人看一眼就留下深刻的印象！

设计师

在对比了其他同类公司的 Logo 后，选择将品牌名图形化，可以和其他同类公司明显区分。

OK 2 改变主题。

客户

这个汉字图形化的设计真不错，让人直接明白是宅配服务公司，而且我觉得这个设计很特别。

设计师

以宅配的"宅"字为主题，可以提得到目标群体的关注。

调整"宅"字的形态设计

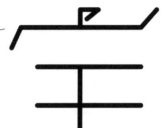

OK 1

NG 1

一看就明白这是人在送货，而且这个人的头部就像人一面小旗子，看起来真有趣。是不是还可以微调一下呢？

线条有些堆砌的感觉，能不能考虑加入一些通透感呢？

DASH CARRY

OK
1 将标志图形化、拟人化。

客户
这么处理"宅"字，让它看上去就像是一个正在送货的人，太好玩了! 而且显得很有亲和力。

设计师
试着把汉字拟人化，做成象形文字的感觉，给人的印象非常深刻。

NG
1 缺乏通透感。

客户
虽然感觉不错，但是有些过于平淡了，希望再能稍微修改一下。

设计师
试着在"宅"字的中间部分做断笔处理，看看能不能营造通透感。

运用断笔处理手法，增加通透感

OK
1

既是文字又兼具形态，这个设计简单又时尚，我很满意！

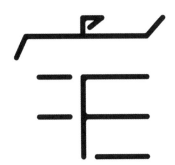

DASH
CARRY

OK
2

在整体设计中，巧妙运用断笔的设计手法，成功地营造了通透感。

OK
1　做出留白，突出通透感。

客户

通过对文字的巧妙修改，营造了通透感，速度感也有所提升，感觉不错。

OK
2　加粗线条，突出效果。

设计师

把线条稍微加粗，可视性提升了，所以，虽然 Logo 很简单，却能让人眼前一亮。

字体

Dosis Bold
DASH CARRY

配色

CMYK
0 / 0 / 0 / 100

简约、时尚、有个性的设计

这个 Logo 设计得很时尚、很美观，还很有个性，谢谢！

从汉字展开构思，最后实现了有个性的设计，传递的信息也非常简单易懂，您能喜欢这个设计，真是太好了！

〈交付时的对话〉

这个 Logo 把公司 DASH CARRY 的含义传达得非常清楚，而且设计得个性又有趣，以汉字为主题，真是一个好主意！

客户

设计师

要想准确传达公司理念，就要把主题选好，而且头脑一定要保持灵活才行。

CASE
03 » bellus 瑜伽馆 Logo

STEP 1
订购

客户

客户
瑜伽馆

设计需求
需要线条醒目、简洁时尚的设计。这个瑜伽馆的女教练 30 多岁，非常有名，在 Instagram 上有很多粉丝，许多模特都是她的学生。

店名和意义
bellus（拉丁语，读作 berusu，意思是美丽）。

〈前期交流〉

我们的瑜伽馆在 Instagram 上有很多粉丝，所以想做一个女性喜欢的简洁、明快又时尚的 Logo。

客户

设计师

那试一下瑜伽风格的简洁形象，怎么样？

好呀。我们的瑜伽馆在 Instagram 上的视频经常是"爆款"，要是做出的 Logo 能引人注目，那人们应该会更关注我们，所以，很期待精彩的设计！

客户

START！

在 Instagram 上看到这个 Logo 的人，会在街头寻找这个 Logo，找到后就会拍照再发布到社交媒体上，这样的良性循环真让人期待啊！

从字体出发做简洁的设计

用流畅、清晰的线条呈现时尚感。

POINT 1 主题怎么选择

POINT 2 字体怎么选择

POINT 3 配色怎么选择

商谈笔记

» 希望在 Instagram 上被发现

» 吸引女性的 Logo

» 瑜伽可以让人的身心变美

需求关键词

» 简洁　　　　» 流畅

» 女性喜欢的设计

» 时尚

THINK...

努力做出个性又时尚的 Logo，让它能在 Instagram 上引发关注。

\ POINT 1 /

如何选择主题？

独特的姿态　　　　　　瑜伽馆　　　　　　柔软

美容 健康

充分考虑瑜伽馆的名字、服务的宗旨和理念。

用手写字体表现瑜伽馆的名称，并思考传达瑜伽的主题。

\ POINT 2 /

选择什么样的字体？

bellus

bellus

选择"苗条"的字体。

使用符合瑜伽特质的既"苗条"又美观的字体。

\ POINT 3 /

选择什么样的配色？

■ ■ ■

选择简单又时尚的配色。

Logo 是黑色的，插图的配色就要与黑色匹配。

加入瑜伽人物的剪影，明确传达主题

NG 1 ✕

NG 2 ✕

虽然一看就知道是瑜伽馆的Logo，但是感觉很陈旧，希望能做出时尚感。

bellus

问题！

虽然主题能够表达出来，但是风格好像不太对。

NG 1 太常见的元素。

客户

怎么看都觉得很陈旧，能不能做得时尚一些？

设计师

嗯，风格好像不太合适，怎么才能做出流行的感觉呢？

NG 2 瑜伽的风格没有表现出来。

客户

希望能表现出瑜伽的柔美。

设计师

那改用柔美的手写字体吧。

将字体改为手写字体

NG
1

非常好，手写字体一下子就有了时尚感！但是，看起来还是不太对劲，也许根本就不需要用瑜伽人物剪影？

OK
1

解决！

手写字体看上去很时尚！嗯，瑜伽已经不是什么新事物了，所以用剪影去诠释没必要，更重要的还是表现 Logo 整体的感觉。

NG
1
剪影的感觉不尽如人意。

客户

虽然字体效果变好了，但还是不合适。去掉后面的人物剪影会更简洁吧？

设计师

只顾着加入剪影，可以让主题更容易理解，却忽略了呈现形式。

OK
1
用手写字体漂亮地呈现。

客户

变成手写字体后，时尚感一下子提升了! 很不错。

设计师

字体的改变就会产生时尚感！下面大胆改变设计，看看效果会怎么样。

把手写字体拉长，用抽象感来表现

YOGA STUDIO

这个设计看上去很漂亮，对女性顾客一定很有吸引力！

Logo 变得抽象、可爱，再加入 YOGA STUDIO（瑜伽馆）的文字，主题更明确了。

OK 1 将文字抽象化。

客户

抽象化的店名有些难以读懂，但是时尚感增强了许多，这正是我们追求的感觉。

设计师

比起可读性，抽象文字能呈现可爱感更重要，您一定很喜欢吧？

OK 2 用副标题来补充信息。

客户

在下面的方框中加入 YOGA STUDIO（瑜伽馆）文字，这个想法很不错，一下就传递出了瑜伽的主题。

设计师

店名的可读性降低，那就用副标题补充说明吧！

设计边框装饰，整体微调

OK 1

将边框做成箱子的感觉，这个点子很不错，我很满意！

OK 2

Logo 易懂固然重要，但根据用途不同，设计的重点也会有所差别，这个 Logo 主要为了吸引客户，那么可爱感就很重要。

OK 1 带有隐藏设计的 Logo。

客户
原来这个方框就代表瑜伽馆本身，这个隐藏的设计很让人惊叹，设计师的想象力真强啊！

OK 2 引人注目的特色设计。

设计师
仅用线条表现的特色 Logo，设计思路充分考虑了氛围感。

字体
DINPro Medium
YOGA STUDIO
Good Karma demo

配色
▆▆▆▆ CMYK
0 / 0 / 0 / 100

简单线条构建时尚的设计

抽象、时尚的 Logo 配以简单明了的副标题，这个设计真是很精彩！谢谢。

建议在瑜伽馆的招牌中加入店名的片假名和必要信息，以方便客户记忆。

〈交付时的对话〉

这个 Logo 我很喜欢，不过确实店名不太好辨识，心里还真有些顾虑。您提供的建议非常及时，就这么做，谢谢！

客户

设计师

设计完成不代表工作结束，为了让设计能发挥更大的作用，设计师也会用心思考，给客户提出必要的附加方案。

CASE
04 » reluire 精酿啤酒新产品 Logo

STEP 1
订购

客户
精酿啤酒制造销售公司

设计需求
制作精酿啤酒新产品的 Logo。需要设计出人们拿在手里感到独特的时尚感。这是一家比较新的饮用水生产商，员工不多，目前想要进军精酿啤酒领域。

商品名称和意义
reluire（法语，意思是闪闪发光）。

客户

〈前期交流〉

想为我们公司的精酿啤酒新产品做一个 Logo，希望达到消费者一看到就想买的效果，营造一种大家一起开心喝啤酒的气氛。对了，Logo 要时尚哦。

客户

设计师

大家一起愉快地喝啤酒可真是太开心了！我会试着把那种快乐的感觉融入 Logo 中。

嗯，Logo 一定要传递一种欢欣雀跃的感觉。

客户

START！

进军精酿啤酒领域，期待满满。希望 Logo 设计出来能让大家感受到我们公司想给大家带来的快乐。

采用太阳和光芒做主题

POINT 1 主题怎么选择

太阳的形状和王冠很像。

POINT 2 字体怎么选择

POINT 3 配色怎么选择

商谈笔记

» 可以吸引人拿在手里

» 商品名是"光芒""照耀"的意思

» 针对喜欢喝啤酒的客户群体

需求关键词

» 流行　　　　» 欢欣雀跃

» 容易亲近　　» 光芒

» 愉快

THINK...

努力做出能传递喝啤酒的欢乐的 Logo 吧。

\ POINT 1 /

如何选择主题？

扎啤杯　　　　　　　　太阳　　　　　　　　干杯

光　　　　　　　　星星

深度思考公司名称的含义和公司的理念。

reluire 是"闪耀""光芒"的意思，给人闪闪发光的印象，结合"快乐""欢欣"这样的关键词，选择太阳应该比星星更合适。

\ POINT 2 /

选择什么样的字体？

选择有趣的流行字体。

要传递快乐、欢欣雀跃的心情，字体要跟这种感觉相匹配。

\ POINT 3 /

选择什么样的配色？

考虑使用商品本身的颜色。

选择啤酒特有的颜色作为配色。

设计耀眼、快乐的形象

NG 1 ✕

看起来还可以，但是太阳的形象是不是过于醒目了？而且太阳和光芒图形的造型过于生硬。

NG 2 ✕

问题！

哪里不对呢？整体框架有问题吗？怎么才能将光芒和啤酒完美结合呢？

NG 1 图形表现得过于生硬。

客户
一个大太阳突然出现在眼前的感觉，很土气。

设计师
只顾着突出太阳和光芒了，效果不太好。

NG 2 装饰过于烦琐。

客户
看起来有些刺眼，是不是图形太尖锐了？

设计师
刺眼？嗯，是图案没用对吗？那就改变一下表现方式吧。

用线条表现光芒

NG
1

CRAFT BEER

reluire

OK
1

解决！

运用线条塑造出光线等的形态，再加上一些啤酒的泡沫感吧。

将线条塑造成光芒的形态，看起来非常好。但是从整体上看，还是觉得哪里不合适，而且也没有啤酒的感觉。

NG
1 啤酒的感觉不够。

客户
总觉得少了些什么，希望能有啤酒的感觉。

设计师
本来想用啤酒的颜色作为Logo 的颜色来体现产品属性，但是作为主体还需要添加产品元素。

OK
1 表现简洁。

客户
只用线条表现光芒，效果很不错，简洁清爽。

设计师
您能喜欢光芒的表现方式，我很开心！简洁地表达就对了！

加入啤酒泡沫的元素

OK
1

这个设计很漂亮，感觉不错，跟商品名称的含义也很匹配！

NG
1

融入了啤酒泡沫的元素，接下来要着重表现欢欣雀跃的感觉，商品名称也需要再调整一下。

CRAFT BEER

reluire

OK
1 加入啤酒泡沫的元素。

客户
啤酒泡沫元素设计得真巧妙，真漂亮啊！颜色也显得稳重，有工艺感。

设计师
喝啤酒时，啤酒倒入杯中冒出泡沫的瞬间最让人兴奋，我以此产生了这个灵感。

NG
1 名称的含义没有表现出来。

客户
商品的名称就那么直接地放上去，没有什么设计感。

设计师
标志字体的设计也要与图案相匹配。

调整品牌名文字排布形式

OK
1

喝啤酒时欢欣雀跃的感觉一下子就有了，我很喜欢，满意！谢谢！

OK
2

将商品名称调整为弧形排列，使标志整体造型成为一个圆形，使其更有设计感，做得很棒！

CRAFT BEER
reluire

OK
1 准确地表现形象。

客户
把商品名称设计成弧形，给人微笑的印象，真是一个传递快乐的优秀设计啊！

OK
2 调整平衡，达到效果。

设计师
修改现有字体的排版方式，注意仔细调整字体与图形之间的平衡，这样的细节调整可以提高标志的完整度。

字体

Reross Quadratic
reluire
A P-OTF A1ゴシック StdN B
CRAFT BEER

配色

CMYK
40 / 60 / 60 / 0

时尚又有趣的 Logo

休闲又有欢欣雀跃的感觉，真棒！更想喝啤酒了。

大胆改变了表达方式，结果很完美！

GOAL！

〈交付时的对话〉

您做出了能让啤酒美味好几倍的 Logo，我很高兴。真想赶快用这杯啤酒和大家庆祝！

客户

设计师

如果拘泥于最初的想法，这个 Logo 就做不出来。要做出好的设计，需要发散思维，有时也需要有改变设计方向的勇气。

CASE
05 » guarigione 洗发水新产品 Logo

STEP 1
订购

客户
洗发水生产销售公司

设计需求
制作含植物成分的洗发水新产品的 Logo。需要以植物为主题的自然、优雅的设计。我们的护发产品在各大美容院都得到了好评，制作 Logo 的产品是我们新推出的含植物成分的洗发水。

商品名称和意义
guarigione（意大利语，读作 guarigione，意思是治愈）。

客户

〈前期交流〉

这是我们公司的第一款含植物成分的洗发水，想要使用新的 Logo 促进销售。希望设计方案能体现自然的氛围，让人一看就明白是含植物成分的。

客户

设计师

那就是能让人联想到植物与自然，同时能让女性顾客喜欢的设计吧？

对。另外，因为客户中大部分是美容院，所以希望设计风格能够优雅一些，与美容院的时尚感相匹配。

客户

START！

这个 Logo 对公司至关重要，要是能做出既美观又能给人留下深刻印象的设计，那就太好了！

以植物为主题的美丽设计

POINT 1 主题怎么选择

自然的感觉最重要。

POINT 2 字体怎么选择

POINT 3 配色怎么选择

商谈笔记

» 以植物为设计元素

» 仅摆在那里就显得很时尚

需求关键词

» 自然   » 治愈

» 优雅   » 时尚

» 高级

THINK...

以植物为主题，试着做出简洁的设计吧。

如何选择主题？

植物　　　　　　柔顺的秀发　　　　　　陶醉的表情

沐浴　　　　　　手写字体

充分思考公司名称的含义和服务理念。

商品是含植物成分的，名称 guarigione 是"治愈"的意思，那就选择叶片植物作为 Logo 的主题吧。

选择什么样的字体？

guarigione

suarigione

guarigione

选择具有自然气息的字体。

使用适合主题风格的字体吧。

选择什么样的配色？

选择自然系的颜色。

选用与产品匹配的自然系颜色。

用手写字体来表现自然

NG 1

有些生硬吧？虽然有自然的感觉，但是缺乏高级感和时尚感。

NG 2

问题！

没有使用利于商品销售的色彩，应该用传递产品高级感的颜色，提高目标消费群体的关注度。

NG 1 设计方向不对。

客户
植物的主题感很好，但是还希望更高级、更优雅。

设计师
只顾着表现自然的感觉，却忽略了客户的整体诉求。

NG 2 很难接受的颜色。

客户
考虑到自然的感觉才选择了绿色，但还是使用更能体现产品高级感的颜色比较好。

设计师
在商品上什么样的 Logo 比较合适，确实需要考虑。

加入优雅的边框

NG
1

感觉不错！商品名称能不能再休闲、随性一些？

OK
1

解决！

自然风不一定非要用绿色，黑色也能体现得优雅且具有高级感，加上边框装饰就更柔和、更优雅了，符合女性的喜好。

NG
1　字体不合适。

客户
商品名称用其他的字体吧，看看效果如何。

设计师
商品名称的字体和优雅的边框不搭，试试手写字体吧。

OK
1　用颜色和边框演绎优雅。

客户
边框装饰非常不错，黑色也营造了优雅和洒脱的感觉。这个 Logo 应该会受到好评！

设计师
用边框提升 Logo 的关注度，整体用黑色效果也不错。

手写字体呈现自然的风格

OK

1

手写字体的处理，让 Logo 更显优雅、自然。

suarisione

natural
/2020/

• PLANT SHAMPOO •

NG

1

整体的协调性还需要调整。

OK

1 优化字体。

客户
同样是手写风格，微调后给人的印象大不一样了，感觉很好！

设计师
对手写字体文字进行松散处理，保证自然风格的同时，又彰显了成熟气质。

NG

1 整体不统一。

客户
总觉得整体上有些不统一，标志造型看起来有些散乱。

设计师
整体不协调，修改完善吧。

减少不必要的元素，优化标志图形

OK 1

标志完全没有多余的东西，平静、利落，感觉真好！我喜欢。

suarisione

natural

/ 2020 /

PLANT SHAMPOO

OK 2

减少不必要的装饰元素，给人的印象却完全不一样了！

OK 1 删除没必要的修饰。

客户
虽然只是少了几个小圆点，但感觉舒服多了。

OK 2 有了统一感。

设计师
对布局、留白、线条的粗细都做了微调，整体上达到了统一，现在的效果很棒。

字体

Tornac
suarisione

Dosis SemiBold
PLANT SHAMPOO

配色

CMYK
0 / 0 / 0 / 100

自然又时尚的 Logo

简约时尚，用在包装上感觉就更好了！

Logo 制作出来后，还要考虑一些应用展示的方式。

GOAL！

〈交付时的对话〉

> 这个 Logo 很适合我们的新产品，放在美容院里也非常好看。

客户

设计师

> Logo 使用在什么地方、是否需要彩色版本、是否符合要求，这些问题也是 Logo 设计过程中需要考虑的内容。

CASE

01 » IT 公司宣传册

STEP 1
订购

客户

客户
IT 工程公司

设计需求
制作 IT 工程公司的宣传册。需要设计出易于接受、吸引人阅读的小册子。需要使用公司的代表色。这是一家 IT 类工程公司，有 100 多名员工。

文案
服务于人，有益于人。

〈前期交流〉

要为公司做一本宣传册，希望设计能兼顾图片效果和文本效果，让人看到这本小册子就能被吸引，其中的内容也要引人注目。

客户

设计师

那就要把页面好好处理一下，以易于阅读、引人注目为目标，还有其他的想法吗？

嗯，还希望能有效使用公司的代表色，整体上也要有趣一些。

客户

START!

如果应届毕业生和其他求职者，一看到这本宣传册就能感受到我们公司的氛围和价值观，还能对我们产生兴趣，那就太好了。

易读、美观的布局

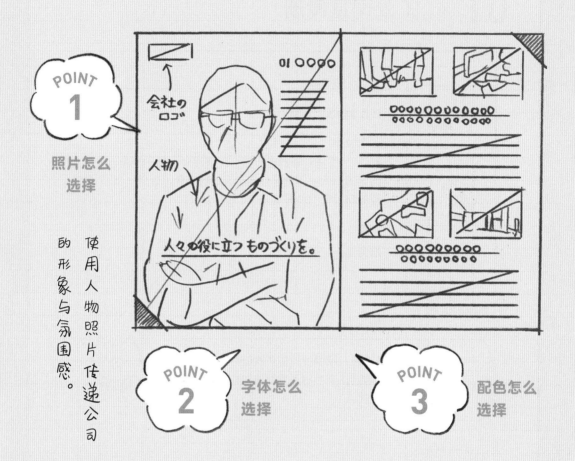

POINT 1 照片怎么选择

使用人物照片传递公司的形象与氛围感。

POINT 2 字体怎么选择

POINT 3 配色怎么选择

商谈笔记

» 公司标准色是淡绿色
» 有效使用公司标准色
» 提供照片
» 崇尚挑战的公司氛围

需求关键词

» 易读
» 有趣
» 帅气

THINK...

一定要做出精美、易读且能够准确传达公司氛围的宣传册。

如何选择主题照片?

选择能激发工作热情的照片。

选择合适的员工形象照片,要注意拍摄角度、人物表情、人物视线和姿态,照片的细微差异给人的印象会大不一样。

选择什么样的字体?

人々の役に立つもの作りを。

人々の役に立つもの作りを。

人々の役に立つもの作りを。

选择有利于长时间阅读的字体。

使用易读的字体,达到让读者仔细阅读的目的。

选择什么样的配色?

从公司标准色出发选择配色。

配色要充分考虑如何有效使用公司的标准色——淡绿色。

简洁易读的排版

NG1 看着很整洁，但是有些呆板，能活跃一些吗？另外，公司的标准色用得不够大胆。

NG2 虽然努力让照片和文章更易读，但是更新颖一些应该更好吧？大胆尝试一下。

NG 1 版面稍显呆板。

客户
虽然很简洁，但是过于整齐，显得呆板，希望能更灵活一些。

设计师
只顾着把版面设计得利于阅读，却忽略了客户想要的活跃感，那就再大胆一些吧。

NG 2 公司标准色没有充分利用。

客户
公司代表色用得不够充分，希望能增加使用比例。

设计师
怎样才能灵活使用公司的代表色呢？

照片调成单色，大胆改变风格

 NG1 虽然很独特，但是人物照片上有文字看起来很不舒服。黑白照片显得很酷，但照片是不是太大了？

 NG2 虽然视觉效果上帅气多了，但是页面稍显凌乱，而且文章阅读起来也很困难。

NG 1 对人物照片的处理欠妥。

客户

人物面部有文字，感觉很不舒服设计得再周全一些吧。另外，照片是不是太大了？

设计师

 只顾着设计本身，却忽略了读者的感受，需要反思啊。

NG 2 文章难以阅读。

客户

看起来乱糟糟的，文字也不易阅读，人物照片有必要用两张吗？

设计师

 将照片调成黑白的，淡绿色也大胆使用了，但是文章的易读性不够，尝试放弃在人物照片上覆盖文字的处理手法，使阅读更方便。

使用留白对信息进行分类整理

 OK1 好多了! 加入的四张工作照格外引人注目, 希望版面能再活跃一些。

 NG1 加入留白进行简洁的整理, 使整个版面变得紧凑, 加入的四张照片确实醒目, 但是不放在中间会怎么样呢? 是否能活跃版面?

OK
1 注意留白的布局。

客户
适度留白很清爽,也很流畅,感觉不错! 要是能再活跃一些就更好了。

设计师
缩小照片,适度留白,使整体版式设计张弛有度,解决页面拥挤、无趣的感觉!

NG
1 版面被分割了。

客户
中间的照片把版面分割了,能不能调整一下?

设计师
中间的照片分割了读者的视线, 不是很合理,好的布局应该能保证读者阅读视线的流畅性。

巧用三角形装饰，添加动感

 OK1 很好! 布局流畅、简洁、有节奏感, 文章也清晰易读。

 OK2 三角形的装饰为版面增加了动感, 也优化了留白。照片分散布局没有阻碍读者的视线流动, 更加方便阅读!

OK 1 流畅简洁的设计。

OK 2 有动感的布局。

客户
版面处理得非常好, 阅读起来也很舒服。这样的宣传册, 读者应该可以一口气读完吧。

设计师
巧妙使用三角形, 改变照片为左右布局, 整体上很有动感。另外, 调整段落长度, 使长文阅读起来更加愉快、轻松。

字体

A P-OTF 秀英明朝 Pr6 M
人々の役に立つもの作りを。
Adobe Garamond Pro Regular
ageing

配色

CMYK
60 / 0 / 70 / 0

CMYK
0 / 0 / 0 / 100

简洁、流畅、有动感的设计

黑白照片和淡绿色相得益彰，真是帅气的设计！而且整体简洁、流畅、有动感，我很满意，谢谢！

设计要新颖、活跃，还要考虑周全。

〈交付时的对话〉

> 黑白照片非常好地衬托了公司的代表色，留白适度，易于阅读。

客户

> 项目开始设计时对"活跃感"的理解有偏差。以他人的视角来检验设计的效果，这一点很重要。

设计师

CASE

02 » 互联网公司宣传册

STEP 1
订购

客户

互联网解决方案公司

设计需求

制作带有总经理致辞的公司宣传册。需要充满智慧感和可信赖感的设计。需要展现公司服务内容和总经理致辞。总经理年龄在 40 岁左右。

文案

您的不满意，尽管跟我们说！

客户

〈前期交流〉

我们想把总经理致辞的部分设计得很新颖，宣传册能够展现积极的公司形象和可信赖感。

客户

设计师

原来如此，那就试试把内容和可信赖感有机结合在一起吧。

嗯，就是那种感觉。总经理致辞是这次设计的重中之重，拜托啦！

客户

START！

如果这份宣传册能够传递公司的可信赖感，并吸引新客户，那就太好啦！

充满智慧和可信赖感的设计

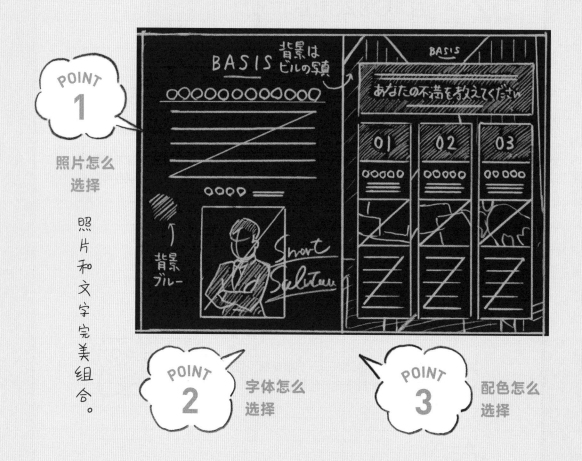

POINT 1 照片怎么选择

照片和文字完美组合。

POINT 2 字体怎么选择

POINT 3 配色怎么选择

商谈笔记

» 公司代表色是淡蓝色

» 加入总经理的照片（总经理年龄在40岁左右）

需求关键词

» 智慧 　　　» 可信赖

» 积极向上的形象

THINK...

努力设计出能充分展示公司服务内容，完美呈现总经理致辞的宣传册吧。

\ POINT 1 /

如何选择主题照片?

考虑使用能让人联想到商务场景的照片。

可以使用有计算机、数据图表等的照片,这些照片都比较容易让人联想到相关业务内容。

\ POINT 2 /

选择什么样的字体?

あなたの不満教えてください。

あなたの不満教えてください。

あなたの不満教えてください。

选择商务风格的字体。

使用利于阅读的简洁字体吧。

\ POINT 3 /

选择什么样的配色?

考虑充满智慧感,可以给人信赖感的配色。

从使用公司代表色出发,选择配色。

以公司代表色为主色调

NG1 淡蓝色虽然是公司的代表色，但是这样铺满整个版面，反倒让页面难以阅读，造成了很强的压迫感。

NG2 右页采用紧凑排列的设计方法，服务内容的排版方式不是很理想。

NG 1 页面拥挤且难以阅读，造成压迫感。

客户
左右页的平衡感是不是太差了？右页的压迫感太强。

设计师
只顾着使用公司的代表色，却忽略了视觉效果，应该适度留白，使信息变得简洁、凝练。

NG 2 文章的排版不利于阅读。

客户
服务介绍部分的排版方式也很难让人接受，觉得根本无法阅读。

设计师
原本是想把三项服务内容整齐地展示出来，纵向的分割效果与后面的大厦背景相呼应，但是效果不好。

放弃满版淡蓝色的排版方式，改变布局

NG1 　增加留白，阅读变得容易了，但是总觉得很土气。另外，总经理的照片放在致辞下面，也不太好吧？

NG2 问题！　虽然增加了留白，让服务内容更容易阅读，但是感觉清晰度和流畅度还是有所欠缺。

NG 1　增加留白，提高可读性。

客户

增加留白，可读性得到了提升。但是，总经理看起来好像要被压垮了。总经理的头顶怎么还被裁掉了呢？

设计师

在左页上大胆使用留白提升了可读性，但是对人物照片的处理考虑得很不周全。

NG 2　整体还是很土气。

客户

服务介绍部分也变得清楚易懂了，但整体的感觉能不能更流畅一些呢？

设计师

看来用框架划分的文章过多，页面显得拥挤，试着让背景变得清晰吧。

放大人物照片，缩小大厦背景图

NG1 嗯，整体上感觉简洁、大气多了! 但是统一感不够，尤其是周围的线条，看起来很凌乱。

OK1 解决! 放弃了服务内容后面的大厦背景图，感觉清爽、流畅多了。字体也更换为商务风格的,显得更顺畅了。

NG
1 毫无意义的装饰。

客户
已经改善很多了，为什么要在周围用线条围起来呢? 感觉很凌乱，也很烦琐。

设计师
总觉得没有统一感，所以加入了边框，但看来是很失败的尝试。

OK
1 放大人物照片，增强信息传递的效果。

客户
整体变得流畅了，放大总经理的照片，并调整了位置，这样一来，感觉总经理好像正在致辞。

设计师
去掉大厦背景图，让整体显得流畅。对主图片放大并裁切，增加了页面视觉冲击力，也增强了信息传递的效果。

文字整体缩小，布局进行微调

OK1 设计一下子紧凑起来了，整体的平衡感很好，信息展示也很直观。

OK2 文字整体缩小，适度增加留白，设计就变得清爽了，真是明智之举。

OK 1 文字整体缩小。

客户
整体的平衡感很好，版面流畅且易于阅读。

OK 2 不规则的装饰边框。

设计师
不规则的边框给人更严谨的设计感。标语也加了对话框式的修饰，变得更加明显、通透，也很引人注目。

字体
DINPro Light
SMART SOLUTION
ヒラギノ角ゴシック W5
あなたの不満を教えてください

配色

CMYK
100 / 0 / 20 / 0

CMYK
0 / 0 / 0 / 100

智慧且有可信赖感的设计

智慧且有可信赖感的宣传册，我很喜欢。

最初为了突出各个元素而显得烦琐，后来发现做减法也是设计师的能力体现。总之，做出好的设计，绝对不是容易的事情。

GOAL！

〈交付时的对话〉

> 这本宣传册总经理看了一定会很满意，设计师把想到的都实现了，而且感觉客户看了这本宣传册也会对我们公司更加信赖！

客户

> 希望每一部分都不被读者忽略，所以对各个元素都进行了专门的设计，但是整体的协调统一更重要。

设计师

CASE 03 ≫ 美容美发专业学校宣传册

STEP 1
订购

客户

客户
美容美发专业学校

设计需求
制作美容美发专业学校的宣传册。需要具有说服力的设计，传递能培养专业人才的信息。这所学校设置了多种专业，在校学生大概有 500 名，而且马上就要迎来 30 周年校庆了。

文案
学你所爱。

〈前期交流〉

学校马上要迎来 30 周年校庆，所以需要更新一下宣传册。希望新的宣传册能更有说服力，能更好地传递学校培养时尚达人的特色，既能鼓舞人们学习时尚的热情，又能让人相信在这里能学到真正的技术。

客户

设计师

明白了，那就用具有休闲感的设计来吸引学生群体吧。

那就交给你了，总而言之，希望能制作出让喜欢时尚的年轻人感到震撼的设计。

客户

START！

如果能吸引真心想成为专业人才且真正饱有热情的学生，那就太好了！

考虑时尚又随性的设计

商谈笔记

» 副标题是 FASHION LOVERS
» 加入学科介绍
» 女生居多
» 有许多在业界活跃的毕业生

需求关键词

» 随性　　　» 帅气
» 兴奋　　　» 独创
» 愉快　　　» 专业

THINK...

努力做出时尚又个性的设计。

\ POINT 1 /

如何选择主题照片？

选择有时尚感的照片。

选择与学生同龄的人物照片，让学生们产生共鸣。这些富有时尚感的照片，年轻人应该会很喜欢。

\ POINT 2 /

选择什么样的字体？

「好き」を伸ばそう。

「好き」を伸ばそう。

「好き」を伸ばそう。

选择有时尚感的字体。

使用能够表现快乐和个性的字体。

\ POINT 3 /

选择什么样的配色？

考虑时下流行的时尚配色。

考虑给人活泼、热辣印象的配色。

充满个性的设计

NG1 希望设计能将学习时尚的乐趣和热情表现得更加强烈，让人一看就有想就读这所学校的冲动。

NG2 本以为设计得很个性，但是好像整体还是不行，能不能设计得更年轻一些？

NG 1 没有表现出兴奋感。

客户
虽然个性又可爱，但是并不能让人感受到学习时尚的兴奋感。

设计师
只顾着用活泼的粉色和个性的搭配来表现快乐，却忘了表达学习时尚的兴奋感。

NG 2 缺乏抓人眼球的亮点。

客户
只是颜色醒目是远远不够的，希望能再有魅力一些，让看到宣传册的人都想来我们学校学习。

设计师
改变颜色看看效果，再加入一些时尚点缀或许不错。

整体设计得更有趣

 NG1

这一版又显得过于年轻了，希望能更成熟、帅气一些，让人有一种"来这所学校学习就能成为业界专家"的感觉。

NG2

问题！

与期待的年轻感相比这一版过于幼稚了，能不能更成熟一些呢？

NG 1 不符合目标群体。

客户

感觉上是不是过于年轻了呢？来这里学习的学生都有志成为业界专家，他们普遍的心理年龄都比实际年龄更大，请一定要明确这一点。

设计师

仅从年龄去判断目标人群的喜好会很片面，那就把宣传册的风格调整得更成熟一些吧。

NG 2 整体风格不对。

客户

不好意思，设计方向与感觉不对，能不能重新设计一下？

设计师

改变颜色、修饰照片，都好像越来越不对劲，看来要重新考虑设计方向了。

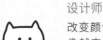

整体更成熟的新设计

OI FASHION DESIGN

O2 FASHION BUSINESS

O3 WEDDING PLANNER

O4 BRIDAL STYLIST

OK1 这个风格真不错,给人能成为专业人士的感觉。嗯,能不能再多一些脱俗感和独创性呢?

OK2 解决! 看起来是比较合适的风格了,但是怎么能加入脱俗感和创新性呢?

OK 1 营造了氛围。

客户
不错!用坚定的眼神来传递坚定的意志,这张照片选得好,氛围一下子就有了。

设计师

调整照片和配色,更能表现冷静和坚定的感觉,照片人物的露肩造型也更显成熟。

OK 2 新设计思路符合客户期待。

客户
就是这种感觉,让您费心了,再稍微加入一些脱俗感和创意性就更好了。

设计师

根据客户的意见进行重新设计,这次符合客户的期待了,太好了!

添加插画，调整细节

 OK1 就是这样，既漂亮又帅气，非常好，很有创意!

 OK2 把版面当成画布，绘制成熟风的插画，这样的创意很独特，而且也显得超凡脱俗。

OK

1 有了创意感。

客户
版面整体上充满了创意感，好得超乎想象!

OK

2 微调细节，营造脱俗感。

设计师
照片的边框都进行了微调，使用不同的线条，更能突出照片的内容，而且脱俗感也出来了。

字体

Futura PT Demi Demi

FASHION

Gautreaux Light

Lovers!

 配色

CMYK
10 / 35 / 25 / 0

CMYK
35 / 45 / 80 / 0

漂亮又脱俗的设计

可以给人一种『来这所学校学习就能成为业界专业人士』的感觉，一定能让有志青年在这里相聚！

在最初的商谈中，关于风格的商讨磨合不够，必须认真倾听客户的诉求。

〈交付时的对话〉

这本时尚杂志般的宣传册，既符合学校形象，又美观大方，一定能吸引更多的学生就读，在校学生看到了也会感到开心和骄傲。

客户

虽然重新设计很费劲，但是最终能做出客户满意的设计就太好了。最初的沟通要透彻，这一点非常重要哦！

设计师

CASE
04 ≫ 医院宣传册

STEP 1
订购

客户
综合医院

设计需求
制作医院的宣传册。需要让人感到安心和温暖的设计。
这家医院是比较大的地区性医院，病人很多。

文案
以保障本地区高质量的医疗服务为己任。

客户

〈前期交流〉

作为服务于本地区的综合性医院，我们非常重视与
地区居民的互动，所以希望宣传册能设计得让人安
心又温暖。

客户

热情洋溢、能体现人与人之间交流的设计应该非常
适合吧？

设计师

对，热情洋溢！另外，如果能把干净和值得信赖的
医院特质表现出来，那我就更满意了。

客户

START！

**如果这本宣传册能够加深人们对我们医院的了
解，知道我们为地区服务的宗旨，那就太好了。**

突出亲切和温暖的感觉

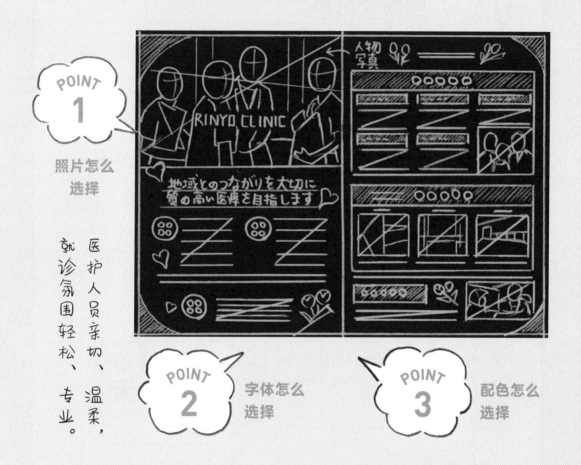

就诊氛围轻松、专业。

医护人员亲切、温柔，

商谈笔记

» 有温度、可信赖的医院
» 加入诊室和设施介绍
» 积极参与地区活动
» 提供让人安心的照料

需求关键词

» 安心　　　　» 信赖

» 温暖　　　　» 亲切

» 干净　　　　» 热情

THINK...

努力用热情洋溢的设计，做出让人感到亲切、温暖的宣传册。

\ POINT 1 /

如何选择主题照片？

使用能烘托医院温暖氛围的照片。

要烘托医院的温暖氛围，可以选择医护人员的集体照片，这样让人很容易理解，同时也令人感到一种被关怀的感觉。

\ POINT 2 /

选择什么样的字体？

質の高い医療を目指します

質の高い医療を目指します

質の高い医療を目指します

选择可以让人有亲近感的柔和字体。

使用给人温柔印象的圆角字体。

\ POINT 3 /

选择什么样的配色？

使用可以让人感到为他人健康着想的配色。

使用让人感到温暖的柔和配色。

亲切又热情的设计

NG1 还行，但是与医院的风格不太相符，要在温暖中突出整洁感和值得信赖感。

NG2 这个温暖的感觉不太对吧？需要增加整洁感和值得信赖感，改变颜色会不会更好呢？

问题！

NG 1 温暖也有很多风格。

客户
粉色带来的温暖感是家的感觉，但是与医院的形象不太相符。

设计师
只顾着用温柔的粉色、花朵和爱心的形状来表达亲切感，却忽略了医院的风格。

NG 2 没有做到客户想要的风格。

客户
希望能设计出既干净又可信赖的感觉。

设计师
虽然要重视温暖的感觉，但是整洁感和可信赖感也很重要，换一个颜色试一试。

把主色调改为黄色

NG1

黄色确实显得更整洁，但是传递的可信赖感还是不够强烈，而且黄色过于醒目了。

OK1

解决！

黄色好像还可以，但是怎么能增加可信赖感呢？能不能把黄色减少一些，现在看上去太醒目了。

NG

1

可信赖感弱。

客户

虽然有改善，但还是希望能更突出可信赖感。

设计师

是不是有些太时尚了？改换硬朗一些的字体试试效果。

OK

1

改变颜色，改变印象。

客户

黄色很好，有温暖的感觉，又让人感觉到整洁，只是黄色太醒目了！

设计师

看来黄色是一个正确的选择，但要把比例降低一些。

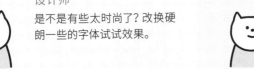

字体改为明朝体（宋体），减少黄色的比例

NG1

整体上的印象变得非常好了，让人觉得既温暖又值得信赖。排版能不能再张弛有度一些？

OK1

本以为明朝体（宋体）会让人感到生硬，但是跟简洁的风格搭配在一起，就没有任何问题了，而且还能更好地传递整洁感。

NG 1

版面比较乏味。

OK 1

改变字体，
更有可信赖感。

客户

虽然好多了，但还是觉得美中不足，能不能让排版再有节奏感一些。

客户

换成明朝体（宋体）就有了严谨的氛围，这样处理后，感觉更值得信赖了。

设计师

确实给人的感觉很平淡，试着调整一下吧。

设计师

通过改变字体，在不损失温暖感的同时，又营造了可信赖感，成功！

添加边框、线条和渐变

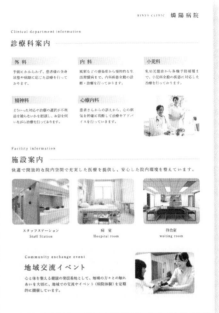

OK1

张弛有度，协调统一，整体很漂亮，也很有气质！文字也更容易让人看清了。

OK2

加入黄色边框，用线条做点缀，这样张弛有度的设计，客户一定会满意。

OK 1

张弛有度，
整体井然有序。

客户
左页加上黄色粗线条边框，这是设计的亮点，让人容易把目光聚焦在医院的信息上，整体上显得更统一了。

OK 2

信息清晰易懂。

设计师
不同信息用黄色线条分隔，显得很活跃，不平淡。

字体 A P-OTF 秀英明朝 Pr6 M
地域とのつながりを大切に

配色
CMYK
0 / 7 / 85 / 0

整洁、温暖，有可信赖感的设计

这个设计非常好，传递了让人安心、值得信赖的感觉。

从这个设计中，我也懂得了，即使在同一个行业中，不同的企业也有不同的风格。

〈交付时的对话〉

完美地表达了医院的理念，让人感到安心和温暖，真是一个优秀的设计！

客户

一定要搞清楚客户强调的到底是什么，才能做出好的设计。

设计师

CASE
01 » 柠檬味饼干包装

STEP 1
订购

客户
客户
糕饼生产厂家

设计需求
制作柠檬味饼干包装。需要一眼就能看出是柠檬口味饼干的设计，需要运用清爽、时尚的配色。这个品牌主打女性消费者喜欢的蛋糕和饼干，本次设计的这款饼干季节性很强。

商品名
Lemon Cookie

〈前期交流〉

我们这次要设计的柠檬味饼干包装，需要表现出清爽、时尚的感觉，要让人一眼就能看出是柠檬口味的。

客户

设计师

对于商品包装设计来讲，能让受众直观上理解产品信息非常重要,那么包装直接用柠檬来体现就好了。

嗯，然后整个设计要有那种"季节限量"的感觉，还要有能让女生喜欢的设计元素。

客户

START！

用包装精美的饼干，让女生好好享受一下轻松时光吧。

体现柠檬口味的特征

POINT 1

主体图片怎么选择

充分营造柠檬的味道！

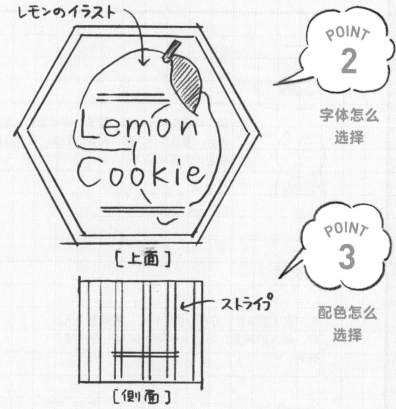

レモンのイラスト

Lemon Cookie

[上面]

ストライプ

[側面]

POINT 2

字体怎么选择

POINT 3

配色怎么选择

商谈笔记

» 要强调柠檬味

» 营造季节感和限量感

» 盒子是六边形的

需求关键词

» 柠檬　　» 被女性喜爱的设计

» 清爽　　» 独特

» 流行　　» 时尚

THINK...

努力做出看起来就很美味的时尚设计，营造柠檬口味的清新氛围。

\ POINT 1 /

如何选择主题图片?

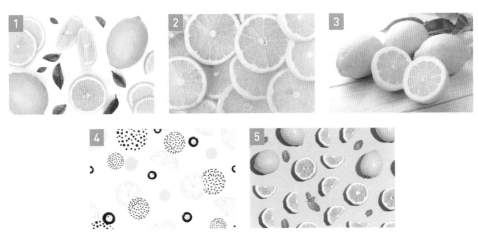

收集各种以柠檬为主题的图片。

柠檬的主题是什么样的呢?不要局限于照片和插图,还可以从其他装饰和图片中收集素材。

\ POINT 2 /

选择什么样的字体?

Lemon Cookie

Lemon Cookie

Lemon Cookie

选择典雅的字体。

使用与商品名称搭配的衬线体,表现高雅、温柔的感觉。

\ POINT 3 /

选择什么样的配色?

采用柠檬黄色系。

选择符合商品特征的颜色,以柠檬黄色为主色调,配以可以提高食欲的颜色。

柠檬形象占主导的布局

NG ✕ **1**

NG ✕ **2**

SICILIA LEMMON

Lemon Cookie

kobe numerosi

kobe numerosi

不是想要整个柠檬的样子，柠檬片也很好看啊，而且颜色似乎也没有展现出柠檬的清爽感。

问题！

商品名称倒是很醒目，但是整体上柠檬的清爽感表现得不够。

NG 1 设计风格略显普通。

客户
使用整个柠檬的图片太普通了吧？加上柠檬片之类的素材，会不会表现得更丰富呢？

设计师
只顾着直观表现柠檬，却忽略了整体的美感。

NG 2 设计缺乏柠檬的清爽感。

客户
这个配色有些沉闷，想要更清爽的感觉。

设计师
设计只考虑到传递柠檬的形象，没有营造出柠檬的清爽感，那就把颜色调整一下吧。

增加柠檬的形态，改变配色

SICILIA LEMMON

Lemon Cookie

kobe numerosi

kobe numerosi

NG
1

各种各样的柠檬让画面一下子可爱了起来，颜色也好多了。可以让柠檬的形象更醒目吗？商品名称和图案色彩再协调一些吧。

OK
1

解决！

加入各种形态的柠檬，按照装饰图的形式规则地排列在画面中，使商品看起来非常灵动！

NG
1 主题不够醒目。

客户
远看其实很难分辨是柠檬还是别的什么东西。商品名称也显得很突兀，希望用比较柔和的字体。

OK
1 加入柠檬切片图案，并调整图片尺寸。

客户
用了很多柠檬图案后效果变得可爱了，颜色也更加柔和了，感觉很好。

设计师
只顾着多加入柠檬形象了，所以每张柠檬的图片都很小，那就放大一些试试。

设计师
用各种形状的柠檬营造了动感，颜色也选择了浅色系，给人休闲、可爱的印象。

使用大尺寸的图片，并采用手写体

OK 1

一下子就有品位了，手写的商品名称更可爱，不错！再时尚一些就更好了。

SICILIA LEMMON

Lemon Cookie

kobe numerosi

kobe numerosi

OK 2

去掉多余的图案，大胆改变排版，创造留白，使包装产生轻松的感觉。效果非常理想，整个版面确定了，再微调一下细节就更好了。

OK 1 采用手写字体。

客户

非常好！手写字体时尚又自然，应该能深受女性喜爱。

设计师

换成手写字体，时尚感就出来了，感觉不错。

OK 2 柠檬图案的布局很好。

客户

商品名称醒目，柠檬清新的味道呼之欲出，我非常满意！

设计师

通过裁切柠檬图形，使包装更具设计感，注意留白，一边调整一边寻找平衡，达到画面完美的效果。

调整配色方式，追加装饰

一下子就时尚起来了，倾斜的商品名称营造了动感。这个颜色和风格匹配得很完美，正是我们想要的效果！

降低背景色的饱和度，换成雅致的色系，创造出自然、轻快的时尚感，商品名称换成清爽的蓝色，包装整体的通透感就有了。

OK 1 改变背景和文字的颜色。

客户
背景变成低饱和度的卡其灰，时尚、自然的气氛就出来了，用蓝色的文字强调清爽的感觉。

OK 2 追加装饰，烘托氛围。

设计师
试着增加缎带的点缀，设计出礼物的感觉，自然的圆点装饰也会使画面看起来更加生动。

字体　Adobe Handwriting Ernie
Lemon Cookie
FOT-筑紫Aオールド明朝 Pr6 R
SICILIA LEMMON

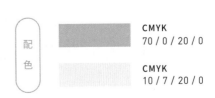

配色
CMYK
70 / 0 / 20 / 0

CMYK
10 / 7 / 20 / 0

时尚又清爽的设计

淡雅的色彩使画面氛围变得柔和，显得超凡脱俗、清爽自然，很棒哦！

通过改变颜色并调整字体来营造季节感，包装的整体感觉都不一样了！

GOAL！

〈交付时的对话〉

这个包装清爽又时尚，也能很好地把"季节限量"的感觉与氛围传递给顾客，我开始期待商品发售的那一刻了！

客户

设计师

在配色上根据产品特色进行大胆尝试，能成功真是太好了。与产品相符的配色能让设计给人的整体印象和传达的深刻含义发生变化，配色真是一门深奥的学问。

CASE
02 » 日本酒包装

STEP 1
订购

客户
日本酒生产厂家

设计需求
制作日本酒的包装。需要简洁、自然、时尚的设计，还要让年轻人喜欢并接受。颜色需要使用成熟的金色。这个厂家的产品在年轻人中人气很旺。

商品名
雫之金

客户

〈前期交流〉

最近我们的品牌得到了年轻人的认可，于是就想借机推广一下这款日本酒，希望您能设计出让年轻人喜爱的包装。

客户

设计师

明快、清新的设计风格应该比较合适吧？

嗯，那就请这样设计吧，一定要体现简洁、自然、时尚的感觉！

客户

START！

日本酒是我们的窖藏主打产品，要是能让更多的年轻人喜欢并接受，那就太好了！

用水墨笔触来表现日式传统风格

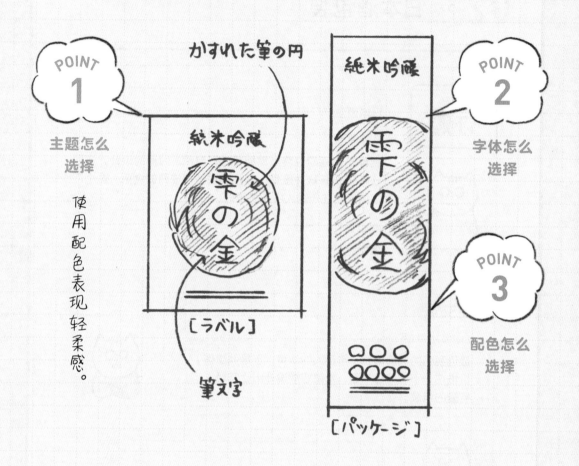

商谈笔记

» 加入"纯米吟酿"文字

» 加入公司地址

需求关键词

» 简洁   » 休闲

» 自然、清爽

» 年轻人喜欢的设计

THINK...

努力做出年轻人喜欢的设计吧。

\ POINT 1 /

如何选择主题照片？

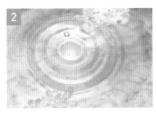

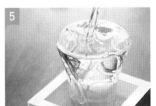

使用能让人联想到酒的主题图片。

让我们围绕着日本酒文化展开想象，材料、工艺、器皿、颜色、香味等各种各样的元素都可以使用，从中选择年轻人喜欢的图片吧。

\ POINT 2 /

选择什么样的字体？

零の金

零の金

零の金

使用日本酒风格的字体。

使用毛笔字体等带有日本酒风格的字体吧。

\ POINT 3 /

选择什么样的配色？

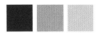

考虑年轻人喜欢且与商品名称相符的颜色。

充分考虑商品名称与整体用色的颜色搭配。

金色框架布局

NG
1

純米吟醸

零の金

酒造元 零の金 酒造会社

NG
2

純米吟醸

零の金

零 の 金
酒造会社

京都府鴨川市熊野町 5 - 10 - 25

这个设计看起来还可以，但是能不能设计得更符合年轻人的喜好呢？

问题！

想用日式风格呈现日本酒的主题，但是好像不太对。用充满现代感的风格代替传统的感觉，会不会更合适呢？

NG
1
设计没有匹配目标群体。

客户
虽然是日本酒的包装设计，但这次是以年轻人为目标群体的，所以要有年轻人喜欢的元素。

设计师
确实，这个设计可能不太受年轻人的欢迎。

NG
2
常见的设计。

客户
希望能脱离传统的日本酒设计定式，构思要大胆一些。

设计师
被日本酒的经典设计表现方式束缚了，试着设计出更休闲的样式吧。

使用水滴主题，灵活运用留白

OK 1

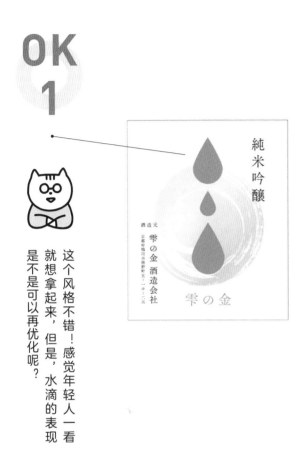

这个风格不错！感觉年轻人一看就想拿起来，但是，水滴的表现是不是可以再优化呢？

OK 2

解决！

水滴图形的运用真是一个大胆的尝试，效果非常好！怎么调整可以更完美呢？

OK 1 结合产品名的主题设计。

客户
结合产品名称，选取水滴作为主体，真是太巧妙了！

设计师
用水滴的剪影突出商品名称的含义，您能喜欢，我很开心。

OK 2 大胆更改设计。

客户
现在的设计给人满满的现代感，年轻人一定会爱不释手！再稍微优化一下水滴的感觉就更好了。

设计师
整体效果应该没问题了，那就让版面设计再生动一些吧。

换成英文，移动水滴

OK 1

純米吟醸

純米吟醸

雫 の 金 酒造会社

京都府鴨川市熊野町 5-10-25

Shizuku no kin

这一版水滴的布局真是太好了，整体看上去非常生动，手写体的商品名称虽然简单却透露着时尚感，也很亲切，感觉很好！

OK 2

調整图形后，整体版面设计生动了许多，商品名称采用手写体英文，整体设计一下子时尚起来了。

OK 1 调整水滴的布局。

客户
水滴错落布局呈现动感，带来了设计上的冲击力。水滴还有自然、环保的概念，符合当前的流行趋势。

设计师
调整后的布局让水滴的表现力更强，整体上也有了动感，让页面变得更加生动。

OK 2 用英文手写体表现商品名称。

客户
用英文书写商品名称，呈现时下流行的感觉！字体的感觉也很好，真不错。

设计师
因为公司名中已经包含了商品名称，所以将商品名称改为英文，整个设计创造出简洁而时尚的氛围！

营造动态效果

OK 1

整体上更有动感了，真不错！淡蓝色的水滴真是点睛之笔，让商品马上就与众不同了。

OK 2

加入淡蓝色的水滴，并调整其透明度，为设计赋予动感，即使是简单的剪影图形，运用得好也能成为不错的点缀。

OK 1 营造动态。

客户
淡蓝色的水滴是非常好的点缀，商品名称拉长并与盒子同宽，这个感觉也不错。

OK 2 布局时尚。

设计师
通过有效地使用装饰图形，并有序地进行要素之间的排布，使包装整体变得统一起来，英文部分的处理也呈现了时尚的感觉。

字体
Signatura Monoline Script Regular

FOT-筑紫Cオールド明朝 Pr6 R

配色

CMYK
20 / 30 / 60 / 0

CMYK
60 / 0 / 20 / 0

年轻人喜闻乐见的设计

能做出这样让年轻人喜闻乐见的设计，我很满意！希望能送到更多年轻人手上，谢谢！

乍一看并不像日本酒的包装，反而能脱颖而出，一定要从日本酒只能使用日式风格的设计思维定式中跳出来。

〈交付时的对话〉

您做出了与众不同的包装！第一眼看上去不像日本酒，这样挺好的，我觉得年轻人应该会喜欢和接受的。

客户

设计师

虽然也是常见的设计，但是更自由的构思真的很重要，这次全新的挑战值得纪念。

CASE
03 » 花草茶包装

STEP 1
订购

客户

客户
花草茶生产厂

设计需求
制作花草茶包装。需要显得优雅又华丽的设计。这家花草茶生产厂在包装方面非常讲究，顾客购买它们的产品大多会作为礼物馈赠亲友。

商品名
garnir

〈前期交流〉

> 希望能设计出成熟女性一看就想买的花草茶包装，要设计出优雅、时尚又华丽的风格，让人看了就忍不住想买。

客户

设计师

> 那就用装饰感比较强的花草设计，成熟女性都会很喜欢。

> 那就先这样试一试吧，我们对包装特别重视，期待您的高品质设计。

客户

START！

如果能做出精美的包装，让人想买来当作礼物送亲友，那就太好了！

选择成熟、华丽的主题

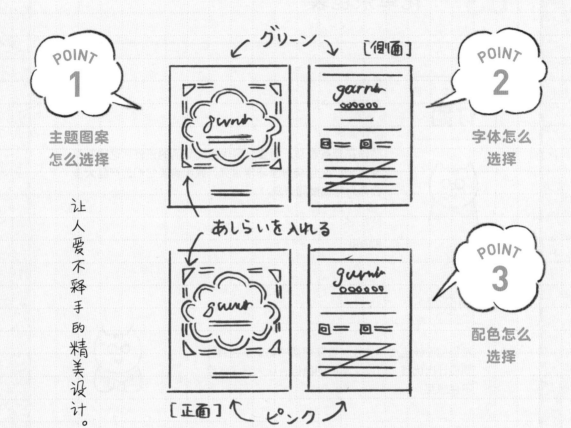

POINT
1

主题图案
怎么选择

让人爱不释手的精美设计。

POINT
2

字体怎么
选择

POINT
3

配色怎么
选择

商谈笔记

» 有两种茶——苹果茶和绿茶

» 侧标是冲泡方法

» 冲泡方法用英文书写

需求关键词

» 优雅　　 » 时尚

» 华丽　　 » 女性顾客

THINK...

压力很大啊！努力做出让人很想作为礼物送人的华丽包装设计吧。

\ POINT 1 /

如何选择主题图案？

思考什么是华丽的装饰。

什么才是既有华丽感，又能营造花草般气息的主题图案呢？

\ POINT 2 /

选择什么样的字体？

garnir

garnir

garnir

选择优雅中带时尚气息的字体。

使用女性喜欢的既优雅又可爱的字体吧。

选择什么样的配色？

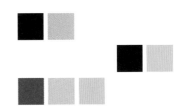

考虑整体配色。

使用给人优雅、华丽印象的配色，但是绝不能太花哨。

使用金色边框

NG
1

NG
2

看上去更像是红茶的包装，华丽的感觉也不太对，再简洁一些会不会更好呢？

问题！

虽然看起来很高级，但是好像不符合客户想要的风格，到底怎样才能设计得简洁又华丽呢？

NG 1　与形象不符。

客户

应该说更像是红茶的包装吧，感觉不太对。这个看起来很高级，但不是我想要的感觉。

设计师

用哥特式的装饰来营造高级感，但是好像与产品调性不符，过分强调装饰元素，反而有点儿俗气，那就再简单一些吧。

NG 2　不是客户想要的风格。

客户

想要能让成熟女性喜欢的优雅又华丽的设计。

设计师

嗯，明白了。设计的时候必须充分考虑客户的喜好。

用植物作为主图，渲染气氛

NG
1

嗯，植物插画优雅又高级，很好！但边框和装饰是不是有些过时了？

OK
1

解决！

植物风格插画的运用，完美地烘托了花草茶的氛围，整体风格让人更容易接受，非常好！

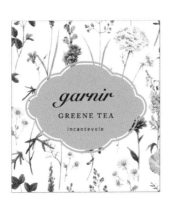

NG
1 装饰很土气。

客户

还残留着哥特式风格，改变一下边框和装饰，应该会更好吧？

OK
1 用插图突出形象。

客户

这个插图运用得很好，时尚且很有花草的感觉，顾客也会很喜欢。

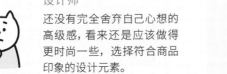

设计师

还没有完全舍弃自己心想的高级感，看来还是应该做得更时尚一些，选择符合商品印象的设计元素。

设计师

运用植物插画传递花草茶的形象，您很喜欢吧？

改变商品名称的设计

NG 1

NG 2

嗯，这样看起来既优雅又时尚，但是能不能再调整一下，现在这个不能区分两种口味。

改变之后的字体跟花草图案更搭配了，看起来更成熟，但是确实不容易分清不同的口味。

NG 1 不同口味难以区分。

客户
如果摆在店里会不会看起来是同样的商品呢? 希望能一眼就分辨出不同的口味。

设计师
没有充分考虑到商品口味与陈列时的需求，必须调整一下，不能让顾客买错商品。

NG 2 标签位置不够好。

客户
虽然字体和氛围都变好了，但是还有改善的空间。

设计师
把标签换个位置，会不会有更好的效果呢?

调整标签元素的位置, 根据不同口味设计相应配色

OK 1

OK 2

把标签元素置于页面底部，在展现简洁的同时，表现出优雅的印象。用不同颜色区分口味，产品特征一下子就展示清楚了。

根据商品的特征选择合适的颜色来表现口味，让消费者一目了然。调整标签元素的位置，花朵的元素更加醒目且更具吸引力。

OK 1 调整标签的位置。

客户

将标签元素置于页面底部，让整个包装给人的印象发生改变，感觉更优雅了。

OK 2 选用合适的代表色。

设计师

采用与口味特征相适应的色彩来营造氛围，这样顾客怎么看都不会买错商品。

字体

Audrey Regular
garnir

Gidole Regular
GREENE TEA

配色

CMYK
15 / 0 / 35 / 10

CMYK
0 / 25 / 15 / 0

优雅又简洁的设计

这个包装优雅又不失简洁，时尚感很强，让人一看就有好心情。作为礼物送人，也是让人为之欢喜的好选择。

高级感并不等于必须用华丽的装饰，通过合适的图案和字体也能表现得淋漓尽致。

GOAL！

〈交付时的对话〉

这个设计简洁又优雅，大家一定很喜欢，这样漂亮的包装让我很期待销售的成绩呢。

客户

设计师

想要表现优雅，运用装饰元素确实是一种好方法，但并不是唯一的选择。设计师在设计的时候，不仅要考虑包装的美观性，还要考虑商品特征与店内陈列时的便利性，这样才是一名合格的设计师！

CASE
04 » 口红包装

STEP 1
订购

客户

客户
化妆品生产厂家

设计需求
制作口红包装。需要受女性喜爱的可爱风格设计。这是一个很小众的品牌，目标人群为 10~20 岁的女性。

商品名
Fuwaii

〈前期交流〉

> 这款产品是专门为刚开始接触化妆的女孩子设计的，所以包装设计一定要可爱。

客户

设计师

> 哦，是面向年轻女孩子的口红，那么她们大概都是多少岁呢？

> 她们大概是 20 岁吧，所以包装设计要让她们喜欢才行。

客户

START！

要是能制作出年轻女孩子都喜欢的漂亮包装就好了。

可爱的配色和布局

主题图片怎么
选择

女
孩
子
喜
欢
的
纹
饰
有
很
多
种
。

[侧面]　[正面]

POINT
2

字体怎么
选择

POINT
3

配色怎么
选择

商谈笔记

» 加入 Super Glow 文字

» 商品名称做一些设计

需求关键词

» 可爱

» 时尚

» 有女孩子喜欢的元素

THINK…

时尚、可爱的主题挺难把握，客户想要的到底是什么样
的风格呢？必须先沟通清楚。

\ POINT 1 /

如何选择主题图片？

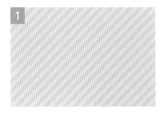 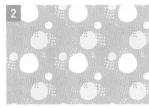 

考虑既流行又可爱的主题图片。

仔细思考什么样的主题图片既时尚、可爱，又能让女孩子喜欢。

\ POINT 2 /

选择什么样的字体？

选择"魔法"字体。

使用有动感的可爱字体吧。

\ POINT 3 /

选择什么样的配色？

使用女孩子觉得可爱的颜色。

配色不止要可爱，还要有魅力哦。

可爱的配色，时尚的设计

NG 1

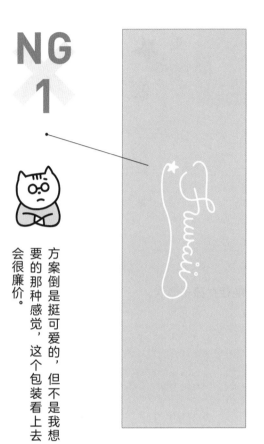

方案倒是挺可爱的，但不是我想要的那种感觉，这个包装看上去会很廉价。

NG 2

问题！

云朵和圆点，看上去有些可爱过头了。

NG 1 给人廉价的印象。

客户

虽然是小众品牌，但并不是以便宜为卖点的，所以希望不要轻易使用看起来廉价的包装设计。

设计师

没有考虑到包装给人的价格印象，设计得可能有些太过于流行了。

NG 2 不是客户想要的可爱风格。

客户

确实很可爱，但不是我想要的感觉，试着采用更符合受众人群品位的设计吧。

设计师

虽然能体现女孩子喜欢的梦幻又可爱的感觉，但是好像完全不是客户想要的风格。

调整设计细节，使包装更具设计感

NG 1

对，这个风格就对了，但是觉得设计风格有点儿过时了，希望能更时尚一些。

OK 1

Fuwaii

Super Glow

解决！

可爱风格有不同的诠释方法，理解起来并不容易。采用 Logo 元素作为辅助图，虽然很时尚，但设计手法有点儿过时了。

NG 1 布局陈旧。

客户

重复排列 Logo 元素作为装饰元素，显得设计风格有点儿过时了，还是设计得更时尚一些吧。

设计师

Logo 元素作为辅助图形进行平铺处理的表现方式已经过时了吗？我还挺惊讶的。

OK 1 重新考虑目标群体的定位。

客户

对，就是这种感觉！似乎是目标群体很喜欢的样式。

设计师

这次的设计就是以年轻女孩子喜欢的角度考虑的，时尚又可爱。

让商品名称排列得更具设计感

OK 1

渐变色显得更时尚了，不错！商品名的排布方式也显得更加时尚。嗯，能不能再个性一些？

Fu — w a — ii

Super Glow

Alice se sentó junto a su hermana en la orilla del río y estaba muy aburrida porque no tenía nada que hacer. Traté de mirar el libro que mi hermana está leyendo una o dos veces, pero no hay imagen ni conversación.

OK 2

添加渐变色和产品说明让包装的感觉一下子时尚起来了。再加一些色彩应该会更加独特吧。

OK 1 用渐变色呈现时尚。

客户
渐变色让设计更加立体，色差小的渐变效果，也是时下最流行的设计手法。

设计师
渐变色的运用，成功演绎了时下流行的感觉。

OK 2 用产品说明作为设计元素。

客户
通过商品名称的设计及产品说明的排版，提高了时尚感。

设计师
产品说明可以是一种设计元素，不过使用的时候，也要注意文字的排版方式。

整体调整，采用渐变色带来冲击力

OK 1

柔和色调的双色渐变，风格独特，真是时下流行的优秀设计，我非常满意！

Fu wa ii

Super Glow

Alice se sentó junto a su hermana en la orilla del río y estaba muy aburrida porque no tenía nada que hacer. Traté de mirar el libro que mi hermana está leyendo una o dos veces, pero no hay imagen ni conversación.

OK 2

包装配色采用女性喜爱的粉色和蓝色的渐变风，带有一定的迷雾感，产品包装变得更时尚了，商品名称也简洁地呈现出来了。

OK 1

用双色渐变打造时尚感。

客户
这样的双色渐变年轻人经常用在美甲上，这样的包装设计也非常时尚，很好！

OK 2

不增加元素就能引人注目。

设计师
商品名称后面的背景用了与盒子反向的渐变颜色，简洁又引人注目。

字体
Century Gothic Pro Regular
Fu wa ii
A P-OTF A1ゴシック Std M
Super Glow

配色

CMYK
0 / 40 / 0 / 0

CMYK
40 / 0 / 3 / 0

专为年轻女孩子设计的可爱风格

双色渐变非常成功地呈现了时尚、可爱的效果，非常不错！那些年轻的女孩子应该会非常喜欢！

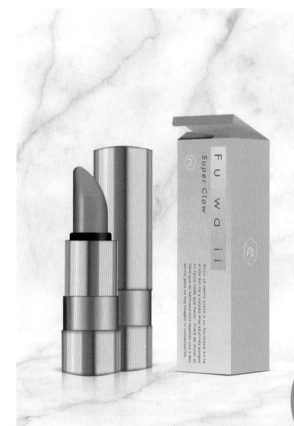

可爱也有各种各样的风格，理解起来并不容易，但是绝不能把流行和可爱完全画等号。

GOAL！

〈交付时的对话〉

> 这就是我想要的那种可爱感觉，也是我心中想要的包装设计，我很开心！

客户

设计师

> 可爱的感觉因人而异，所以要对客户期待的风格深入了解，否则就容易产生误解。与客户不断沟通是非常重要的。

读 者 服 务

　　读者在阅读本书的过程中如果遇到问题，可以关注 "有艺"
公众号，通过公众号与我们取得联系。此外，通过关注"有艺"
公众号，您还可以获取更多的新书资讯、书单推荐、优惠活动等
相关信息。

　　投稿、团购合作：请发邮件至 art@phei.com.cn。

扫一扫关注"有艺"